普洱藏茶

| LOHAS・樂活 |

吳德亮　著／攝影

普洱茶主要產區

西藏

四川

緬

甸

雲

香格里拉

麗江

大理

巍山
南澗
無量
楚雄

保山

鳳慶
景東

永德
臨滄
鎮沅
石

臨滄市（原臨滄地區）

雙江
景谷
墨江

滄源
普洱市（原思茅地區）
寧洱（原普洱縣）

西盟
瀾滄
思茅區（原思茅市）
江

孟連
景邁
西雙版納州

勐海
景洪
象明
南糯山
巴達
班章
易武
布朗山
勐臘

澜

滄

江

民初迄今
下關沱茶緊茶名滿天下

21世紀初
3200年古茶樹王驚豔

清朝盛世
貢茶古府萬商雲集

千百年迄今
萬畝古茶樹群落飄香

中共建國迄90年代
印級七子級名茶流芳

21世紀初
老樹毛茶屢創天價

代明星茶區示意圖

貴州省

省

明市

水

廣西壯族
自治區

初
締造輝煌

越　南

（寮國）

目次

做個品茶與藏茶的大贏家

2007年早春，一批受邀來台參訪的雲南某大國營企業領導們，人手一冊拙著《普洱找茶》，按圖索驥出現在書中推薦的某家茶莊。短短的一個小時內，除了爭相購買了近百萬台幣、陳期約30年左右的普洱茶品外，也透過店家邀請我前往親自為茶書簽名。

2006年12月，我接到了來自阿拉伯聯合大公國、全球最夯的富饒城市杜拜的電話，那是伊朗籍的頂級魚子醬出口商Rezea，操著濃濃中東腔英文熱情的問候。在杜拜準備開設茶餐廳的他，只因在海外購得了我的普洱茶書，就迫不及待遠從數萬公里之外打了國際電話給我，並在數日後專程搭機到台北拜訪。我開玩笑說，以杜拜長年高溫高濕的環境，普洱青餅不消三年就可轉化為陳茶了。

讓我感動的當然不是大陸朋友驚人的購買力，而是遠從普洱茶原鄉雲南，千里迢迢帶著書來台尋訪普洱陳茶的熱忱。讓我驚喜的也不僅是外國讀者的熱情支持，而是品飲普洱茶的風氣已從台灣重返大陸，還延燒至馬來西亞、泰國、韓國、日本、美國、法國、德國甚至中東，環繞了大半個地球。剛從法國度假返台的友人甚至告知，他在巴黎五星級酒店用餐，附上的「頂級飲料」居然是一杯價格不菲的普洱茶。

一年多來普洱茶在兩岸三地造成搶購，價格也瘋狂飆漲，全民瘋普洱的現象持續發燒。有位大陸讀者轉發了簡訊給我：「起來，還沒存茶的人們，把你們的存款全部投到茶葉市場，中華民族到了最瘋狂的時刻，每個人都發出買茶的吼聲！快漲、快漲、快漲！我們萬眾一心」。儘管是改編自「義勇軍進行曲」的挪揄之作，卻也反映了大陸普遍存在的怪現象「存茶的人多，喝茶的人少」，普洱茶成了等同股票的

2006年台北市長郝龍斌（右）蒞臨《普洱找茶》新書發表會，中為《民生報》社長項國寧，左為本書作者。

投資工具，加上部分商人的刻意炒作，普洱茶價格已達一日三市的情況。

短短的一、兩年間，雲南的普洱茶廠從數百家暴增至五千多家：根據廣州報載，僅在普洱市，囤積普洱茶價值在人民幣10萬元以上的就有上千人；廣東東莞則有超過百萬人次收藏普洱茶；據說中山、順德等地，某些人家甚至還存放了10噸以上的普洱茶。如此大量的收茶囤茶，價格要不漲也難。只是呈等比級數成長的大量，幾年後是否還有增值空間？令人懷疑。儘管茶商個個拍胸脯保證「中國有13億人口」，以目前粗估的普洱茶人口不到1000萬來預測，大膽提示消費者至少還有10倍以上的成長空間。問題是截至目前為止，只有20%的人買來喝，80%的人卻是用來藏的，能否在熱度退卻後轉為喝茶人的一種流行、進而帶動全民品飲普洱的風潮？值得深思。

珠江三角洲近一年來的普

洱茶總銷量已突破15,000噸，比一年前增長約4成。廣州芳村茶葉批發市場原本百花齊放的數百家茶商，一年來清一色變成了普洱茶專賣店。北京馬連道放眼望去，「滿城盡是普洱茶」。原本只是少數台商的促銷之詞，說現在以低價購入存茶，10年後必能翻上數十倍。就像10年前每餅不到3000元台幣的紅印，今天已飆至三、四十萬一樣。等到風氣一開，取代的卻是少數幾家大型茶廠委由股市炒手介入做多，再加上各種坊間傳言，將藏茶熱推向高潮。情勢從此轉為賣方市場：新茶不必再等待10年悠悠歲月，只需一年甚至一個月就能輕鬆賺取暴利。北京報載某大品牌2006年10月出品的普洱生茶，隔年2月已從新上市的一大件（台灣稱一支、即12筒七子餅茶、共84片）3000元人民幣，狂飆至5880元，漲幅幾近兩倍。

值得慶幸的是，《普洱找茶》初版近一年後的2007年春天，我再度前往雲南，瀾滄縣有茶農高興地表示：前一波普洱老茶的炙手可熱，只有少數囤茶的商人或收藏家大發利市；而近兩年來新茶與原料的飆漲，卻使得大多數茶農受惠，例如班章茶菁在2007年就飆至每公斤1680元人民幣。香港報載由於原料供不應求，造成茶商扛著整麻袋的鈔票連夜守候農戶門口，為的只是搶購越來越顯得奇貨可居的普洱茶菁。

茶原料嚴重不足，出廠的普洱茶卻越來越多。據聞某名牌大廠接連自湖北、湖南、廣西等其他省分，甚至越南等地進口茶菁進行拼配。福建安溪就有茶廠抱怨，鐵觀音茶菁都曾被大量運至雲南製作普洱茶，使他平白遭受池魚之殃。幾家大廠或以台地茶冒充喬木茶、或以小葉種混拼

大葉種，或將多省茶集體送做堆等，不一而足。但產品價格一樣節節飆漲，自然種下了崩盤的因子。

2007年6月開始出現某大廠茶品滯銷的新聞，恐慌性賣壓造成了名牌普洱新茶價格跌破五成，使得藏茶民眾人人自危，深恐自己大量買入的茶品成為地雷股，泡沫化危機隱然浮現。許多資深茶人擔心，炒作不僅使茶品價格偏離原本的實用價值，坐視此一現象持續，更將導致整個產業的崩潰。所幸暴跌僅來自炒家追捧的三、四家大廠，其他品牌

並未受到波及，對於原本產量就不多且嚴控品質的廠家，不僅影響有限，有些甚至還逆勢成長。

在2007年新茶普遍看跌聲中，2006年以前出品的普洱茶卻不降反漲，新一波收藏老茶的風氣正悄悄取代了原先盲目的新茶囤積，10年以上的茶品比原先更為看好，尤其30年以上的老茶幾已達惜售的地步：例如陳期近60年的紅印圓茶，從之前的5萬元人民幣單餅天價，至2007年深秋已達每餅10萬人民幣之譜；而1970年代的7542七子餅茶也從之前的單餅4000元人民幣狂飆至

2006年台北茶文化博覽會的《普洱找茶》簽書會盛況。

8000元人民幣以上。

經過2007年的盤整洗牌，普洱茶菁不僅逐步降溫，回調到一個合理的價格區間，也使得愛茶人逐漸打破名牌大廠的迷思，而回歸基本面，依品飲、養生、典藏等個人不同需求，從原料來源、產地、加工方法等，尋找適合自己的茶品，對普洱茶整體的發展反而有正面意義。

以這一波普洱茶在大陸的盤整效應為例，由於台灣普洱茶市場從八〇年代萌芽至今，早已發展為成熟而穩定的市場狀態；因此2006年大陸普洱茶的瘋狂飆漲，既未造成台灣民眾的普遍跟風，2007年的短暫泡沫化現象，自然也沒有造成市場的極度震撼，頂多就是當年出產的新茶價格略有波動罷了。

其實藏茶絕對是美事一椿，只是大多數民眾對普洱茶一知半解的情況下就貿然進場，稍有狀況當然會患得患失。而且茶葉品質的優劣與否，充滿了諸多的變數，不同的茶樹、茶區、季節、氣候、海拔、炒菁、乾燥、倉儲等因素，都會造成茶葉品質的極度差異，並非僅僅「歲月」一項即可左右，值得典藏的茶品仍須經過審慎的選擇判斷，才能同時享受品茶與藏茶的樂趣。要成為優質的陳年普洱茶，更需先天（優良的茶菁與製作工藝）以及後天（良好的貯藏環境）的配合。

本書的出版，就是希望能透過品茶、識茶、藏茶的正確觀念，從生熟、外觀、香氣、年份、包裝與製作方法等，辨識各種不同且值得收藏的茶品，深入近年暴紅的明星茶區，尋訪野生茶樹與茶區、茶廠，一步一腳印地引領讀者進入普洱茶迷人的世界，並培養正確的藏茶方式與觀念，希望能幫助尚未入門、初入門或已經入門的愛茶朋友們，在普洱茶風起雲湧的亂象中，做個品茶與藏茶雙贏的大贏家。

2008年早春

第一章
古董茶藏茶與辨識

1. 揭開古茶的神秘面紗
（1900年以前）

1745年1月11日，一艘瑞典東印度公司商船「哥德堡號」，滿載了300多噸茶葉與大批瓷器，從中國廣州啟程航向北歐，卻不幸在1746年9月12日返抵瑞典國門的前夕，撞上暗礁而沉沒。反而讓兩百多年後的今日，人們得以親睹當時茶品的芳容：從「歌德堡號」沉船上打撈出來的200多噸茶葉（部分在1991年捐贈予廣州博物館典藏），由於經過緊壓

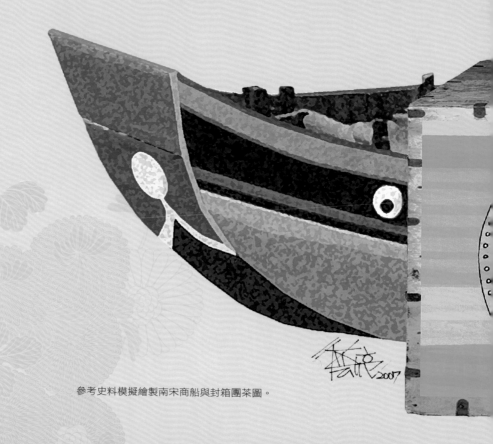

第一章
古董茶藏茶與辨識

參考史料模擬繪製南宋商船與封箱團茶圖。

處理與密封包裝，且有海底泥沙覆蓋而未受氧化，因
而有一部分依然可以飲用，讓當時茶界為之驚豔。據
品飲過的專家表示，除了淡淡甘香外，還略帶一絲鹹
味。

　　事實上，作為中國海岸線最長省份的廣東，千百
年來就一直是「海上絲綢之路」與「海上茶路」的起
始點或必經之地，海上貿易長盛不衰。根據史料顯
示，中國鴉片戰爭以前有明確記載的沉船事件就高達
100多宗，不僅令人咋舌，也成了考古學家與探險家
最感興趣，甚至尋寶專家長久以來最為「覬覦」的對

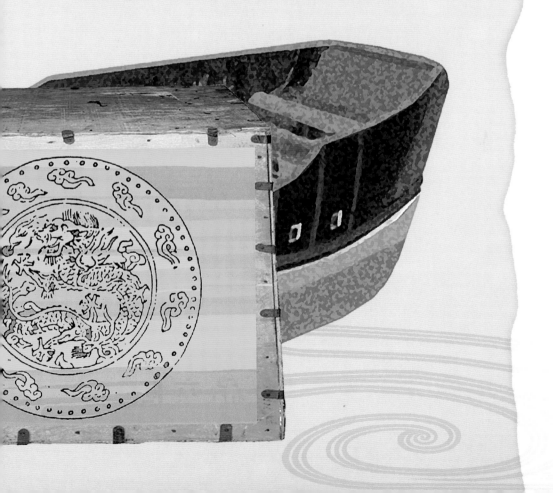

沉入海底800多年的宋代團茶已風化緊縮為隕石狀。

象。

800年南宋團茶重現人間

1987年，中國在廣東陽江海域發現了沉沒海底
800多年，長30公尺、寬10公尺的宋代商船，經相關
部門正式命名為「南海一號」。從2002年3月至今，
由中國歷史博物館與廣東省文物考古研究所等共同
組成的「沉船水下考古隊」，陸續打撈出珍貴文物
4000餘件，包括福建德化窯、磁灶窯、景德鎮窯系
及龍泉窯系出品的古瓷，以及金、銀、銅、鐵等飾物
器皿，大多為十分罕見甚至絕無僅有的文物珍品。

南海一號的新聞炒得沸沸揚揚，但至今焦點仍大
多集中在打撈出的金銀器皿與陶瓷珍品，估計價值不
下數十億元的文物上。我在觀看新聞的同時，不免納
悶，以當年「海上茶路」繁盛的景況推論，艙內應留
有不少宋代團茶才是，卻始終沒有任何媒體提及，或

許是因為在今天已不具經濟效益了吧？

近年縱橫兩岸的台灣茶業大老范增平則間接證實了我的疑問：2007年夏末，范老大不尋常地在深夜來電，說要邀我共品這輩子絕未「見」過的一款老茶。欣然赴約後，但見范老大小心翼翼地自櫃中取出錦盒，褪去層層包裝，呈現在眼前的，卻是一塊約莫手機般大小，外觀明顯被歲月侵蝕得坑坑洞洞且縮皺不堪，彷彿歷經千年風化的隕石岩礦。相較起北京故宮珍藏的近兩百年歷史的金瓜貢茶，至今仍保有渾圓的身軀，以及條索分明的容顏，說這是茶，委實讓人難以置信。

看我狐疑的表情，范老大緩緩抬起頭，不急不徐地表示：「這可是八百歲以上的團茶了。」八百年？不就是南宋時期嗎？果然是從「南海一號」打撈出來的宋代團茶。儘管事涉敏感，對於茶品的取得，彼此都相當有默契地未做深究，但以范老大近年在對岸茶葉科學與茶文化界舉足輕重的地位，取得沉船茶樣作為研究自是順理成章了。

令我驚異的是宋人以木箱臘封的技術，沉沒海底八百年居然絲毫未受潮，只是不堪歲月陳化，緊縮得不成「茶」樣罷了。

禁不起我的催促，范老大以手指掰開一小片茶塊，

茶湯呈現梯田般的圖案，水痕紋路層次分明。

壺內幾經沖泡的
殘餘茶塊，在品
完後並未融化掉
多少，只是稍顯
糊軟。

置入為了便於觀察而使用的透明玻璃壺中。溫盞並注入沸水後，深褐色的茶湯如泉湧般溶出，首泡湯色褐紅、清澈見底，而雲腳瀰漫的湯面則明顯迴異於常見的新茶或陳茶，且不同於一般茶品散發的醇厚香氣，只有淡淡的木質香若隱若現。顧不得腹瀉的疑慮，我懷抱著虔敬的心舉盞品飲，入口有著普洱陳茶的黏稠，圓潤的口感則在味蕾舌尖輕轉，淡而微甘。

第二泡明顯黝黑的湯色，逐漸接近宋代鬥茶的情境，杯緣呈現黑、紅、黃三色漸層，茶面則泛起陳茶特有的層層油光，而顆粒狀淳淳光澤的湯花，不就是宋代民間盛行取勝的「冷粥面」嗎？油光下的變幻則更為驚人，忽而呈現梯田般的圖案，忽而又如河川的律動，水痕紋路層次分明，讓我大感驚奇。

幾泡茶湯飲盡，入口時乍現的木質香逐漸明朗，范老則以老陳檀木香形容，醇厚的陳韻這才緩緩在喉間迴盪，杯底茶香也適時濃郁了起來。且不知是否心理作用使然，抑或經過八個世紀歲月加持的茶氣效應，彷彿一股熱氣自丹田直衝腦門，蔓延至臉頰耳根，手掌則泛紅微熱。范老則說茶湯進入口腔後，舌面上似乎有多種變化，或者說是多層次的變化，就像客家老菜脯的醇和淡味，漸漸地從舌間泛起涼涼的感

覺，並在忽然間產生一種慢慢化開的甘味。

800年的南宋團茶當然不是普洱茶，不過今日普洱茶「緊壓」成團成餅的形制，卻是唯一沿襲了中國自唐宋以降的「團茶」傳統：打開中國茶葉史，不僅西南邊陲的少數民族，千百年前即已將茶葉「蒸而團之」，中原地區遠在唐宋時期也已風行「團餅茶」的量產，並且唐、宋、元三代均產「團茶」。

無論唐代的蒸青團餅茶或宋代的龍團鳳餅，均係摘採茶樹鮮葉，經過蒸菁、磨碎、壓磨成型而後烘乾製成的緊壓茶。

《中國茶經》也明確指出，六朝以前主要以生產團茶、餅茶為主的緊壓茶，只是由於緊壓茶的製作工藝繁瑣，且煮飲也較為費事，至明太祖廢團茶後，除了作為孝敬朝廷的「貢茶」仍使用緊壓茶外，民間必須回歸「價格低廉」且「煮飲方便」的散茶。因此正確的說，今日以「緊壓茶」為主的普洱茶，才是唯一傳承了唐宋團茶特徵與衣缽的茶類，也才是真正具有貢茶「血緣」的名茶。

品嚐完約200c.c.的茶湯，再看壺內幾經高沖後的殘餘茶塊，似乎並未融化掉多少，只是稍顯糊軟了。殘留的茶末則呈現抹茶般的綠色粉狀，想像在八百年前，應為豐腴鮮活的綠茶吧？顯然經過800年的陳化，綠茶的表現依然是綠茶，並未轉化為黑茶。

從殘留杯底的綠色茶末可以判定，老茶原始應為綠茶。

金瓜貢茶

目前世上留存最古老的普洱茶，應非北京故宮珍藏的一顆人頭普洱貢茶（金瓜貢茶）莫屬，港台兩地茶界普遍稱為「普洱茶太上皇」，約有近兩百年的歷史，堪稱現存陳年普洱茶中的絕品。

據說在明清兩代，地方官員每年均需奉旨選取古六大茶山最好的女兒茶，分別製成團茶、散茶與茶膏三種款式敬貢朝廷。所謂女兒茶，傳說中均由未婚少女採摘一級芽茶，先藏於懷中累積到一定數量，再取出放入竹簍內。史料說「女兒茶亦芽茶之類，取于穀雨後，以一斤至十斤為一團」、「皆夷女採製，貨銀以積為妝資，故名」。

至於「金瓜貢茶」名稱的由來，一般說法是經木模緊壓呈現金瓜狀而名。也有學者認為，經少女懷中「孕育」出來的芽茶，長期存放後會轉變成金黃色，用以製作的人頭茶因而稱為金瓜貢茶。

此外，金瓜貢茶由於「大如人頭，小如瓷碗」、「普洱茶成團，有大中小三種，大者一團五斤，如人頭式，稱人頭茶，每年入貢，民間不易得也」，大如人頭的且稱為「人頭茶」，曾經是明清皇室的

北京故宮珍藏的金瓜普洱貢茶（徐進生提供）。

壓製金瓜貢茶的大型木模。

最愛，據說主要產地就在普洱府（今寧洱縣），且與明太祖朱元璋延續宋代「以茶治邊、以制戎狄」的政策有關。據說朱元璋稱帝後，女婿歐陽倫奉命出使西域，曾悄悄攜帶一批私茶赴任，企圖牟取暴利，其中且包括十數個「人頭茶」在內，價值不菲。明太祖聞訊後大怒說「爾頭不及茶頭也！」而下令賜死。儘管貴為駙馬爺，歐陽倫還是成了歷史上第一個因走私茶葉慘遭殺身之禍的人物。

對照清朝阮福在《普洱茶記》所說「於二月間採蕊極細而白謂之毛尖以做貢，貢後方許民間販茶」。**當時貢茶共計八色，即五斤重團茶、一斤重團茶、四兩重團茶、一兩五重團茶，以及芽茶、茶膏與餅茶等，北京故宮所珍藏的金瓜貢茶據統計重2418公克，應是史料所記載的五斤重團茶了。**

根據品飲過金瓜貢茶的友人告知，儘管深藏宮廷近200年，但茶身依然渾圓飽滿，毫無頹敗現象。沖

普洱縣的哈尼族
少女在寬宏村困
蘆山採茶。

泡後的茶湯也依然紅似琥珀、濃豔剔透，而香氣則陳醇矯健，時空錯置的奇幻感覺更讓人達到忘我的境界。

2003年我曾親往普洱縣鳳陽鄉寬宏村採訪，當地已有九十多歲高齡的匡志英女士就回憶說，先祖輩曾親口告訴她，人頭茶係清朝官府在寬宏村所製作的貢茶：每年開春時節，皆有高官奉旨領兵前來，命年輕婦女上困蘆山採茶，經過殺菁、搓揉、曬乾等工序，用大甑子蒸軟後，再以人頭瓢製成人頭狀的茶團，然後經烈日暴曬數日、茶團乾透後，尚須以布條將米湯塗抹在茶團上。李老太太進一步解釋說，所謂「人頭瓢」是用椿木鑿出半個球型凹坑，兩半合圍，就成了製作球狀茶團的模具。

陪同的普洱縣李世武副縣長也轉述說，當地早在清朝就生產貢茶，其中且以人頭茶為最。他不厭其煩地翻開史料，明白指出明朝時因屬行「以茶易馬」政策，使茶馬貿易成為當時富國強兵、治理邊陲的重要舉措。《明史·食貨志》更有「律例私茶出境與關隘失察者，並凌遲處死」的記載。據說這也是人頭茶產生的原因，因為其笨重而攜帶不便，反而更有利於官兵稽查緝私並方便茶馬交易吧？信不信由你。

絕版茶膏

　　除了金瓜貢茶，清宮貢茶之一的「茶膏」也是幾
已絕版的普洱古茶。清朝趙學敏在《本草綱目拾遺》
中曾提到：「普洱茶性溫味香……解油膩牛羊毒，

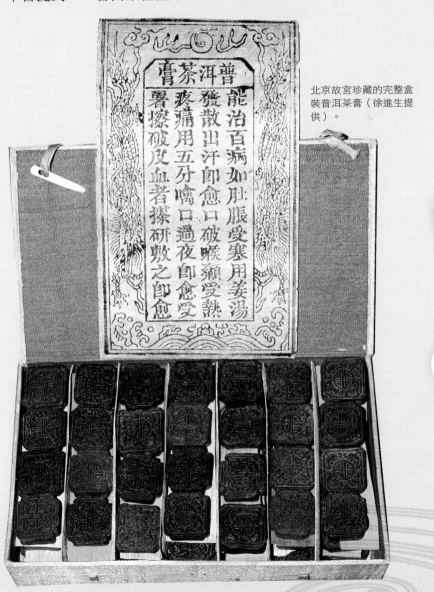

北京故宮珍藏的完整盒
裝普洱茶膏（徐進生提
供）。

普洱
茶膏

能治百病如肚服受寒用薑湯
發散出汗即愈口破喉顙受熱
疼痛用五分噙口過夜即愈受
暑擦破皮血者擦研敷之即愈

虛人禁用。苦澀逐痰下氣，刮腸通泄。」成了普洱茶作為「養生」最理直氣壯的經典名言。不過其下一句「普洱茶膏黑如漆，醒酒第一……消食化痰，清胃生津，功力尤大也。」以及「普洱茶膏能治百病，如肚脹、受寒，用姜湯發散，出汗即癒。口破喉顙、受熱疼痛，用五分噙口即癒。」顯然在醫學尚未發達的清代，普洱茶膏往往被當作治病的成藥使用。可惜在現代醫療發達以及成藥普及之後，「療效」大於「品飲」功能的茶膏就逐漸失傳。

普洱茶膏在清朝時不僅是最珍貴的貢品，還是傳承已久的神奇藥物，只是茶膏的製作工藝早已失傳，因此才鮮為人知罷了。直到2004年2月，近代大思想家魯迅所珍藏的3公克（2公分見方）清宮普洱茶膏，在廣州以1.2萬人民幣的高價拍出，而且經專家實際沖泡鑑定，才喚醒許多普洱茶人的記憶。

根據報載魯迅後人周海嬰的回憶說，從懂事起每逢年節吃完大餐，若感覺腸胃不適，母親許廣平就會取一小塊沖泡給他喝，確能達到神奇的療效；或許正因為曾以茶傳情的魯迅與許廣平兩人都始終捨不得喝，今日才能留下共140公克的絕世珍品吧？

所謂茶膏，其實是將茶葉先熬成糊狀、濾去茶渣、蒸發水分，再將提煉出的茶汁注入模具壓製成型後烘乾而成，因此完成的茶膏就成了凝結的小方磚狀。

我曾有幸在名攝影家莊靈家中，親眼欣賞並觸摸了前故宮博物院副院長莊嚴大師所留下、珍藏至

名攝影家莊靈珍藏的清宮茶膏（左上）與茗心坊研發的現代茶膏（右下）比較。

莊靈珍藏的清宮茶膏沖泡後湯面的變化（許雨亭攝影/莊靈提供）。

今的一片茶膏，黝黑的外觀堅硬無比，從表面的氧化程度、花紋的精緻，以及泛黃的說明紙張來看，距今一個世紀以上應無庸置疑。有趣的是說明紙張上的文字，就全然引用《本草綱目拾遺》的記載，且一字不漏、一句未改。

根據《雲南茶葉進出口公司誌考記》中，關於茶膏製作的工序，是先將茶及茶末放置大鍋中，充分煎熬至汁出盡為止，再將煎熬之茶湯盛於布袋中壓榨，使茶湯濾出，然後將濾出茶湯置於大鍋中煎熬，湯表面若浮出淺黃色之物則以小鍋鏟剔去，以保持膏汁的純度。待茶湯熬煎至濃茶汁程度時，轉盛於小鍋中煎熬，至液體成膏狀再收膏。完成的茶膏則應具有「取起一團，拉長不黏手，色起淡褐色」的特色，而100斤上好茶葉才可以熬出20至25市斤的茶膏，可見已

第一章　古董茶藏茶與辨識

經完全濃縮了普洱茶的精華，其珍貴可見一斑。

　　據說中共建國後，為支援入藏部隊需要，在1950年曾委託雲南省茶葉公司熬製3500斤的茶膏，其中省公司與下關茶廠分別1000斤、順寧茶廠1500斤，總共製成42市擔，顯然當時軍方也認同普洱茶膏的天然療效。

　　根據雲南省茶葉進出口公司誌記載，目前在昆明還存有少量樣茶，沖煮後模樣與現今的龜苓膏相似。而2007年秋天，莊靈也拗不過友人的請求，在許多茶人與媒體人的見證下沖泡絕版茶膏試飲，並將全程拍照存證。

　　可惜《雲南茶葉進出口公司誌考記》只提到茶膏的熬煮工藝，對於如何壓模成塊狀卻語焉不詳，因此在21世紀的今天，儘管有不少茶人興致勃勃，希望能將早已失傳的茶膏復活，卻大多僅能製作至流質狀態。

　　台北「茗心坊」主人林貴松則在2007年成功研發出塊狀茶膏，每塊重37.5公克，每公克可沖泡600cc。雖不若故宮留存至今的茶膏充滿歲月斑斑的古趣，但心型的外觀晶瑩剔透，摩登討喜的造型也依稀可見古法傳承的精神。在多位藝文界友人的見證下，我們當場剩下少許沖泡，但見塊狀茶膏在滾水沖入後逐漸融化，向周遭緩緩釋出黝黑晶瑩的茶湯，並在杯緣展開油亮泛紅的光暈，當茶膏全然被茶湯淹沒，鏡面般透亮的湯面且適時反射牆上的油畫，香氣頓時溢滿整個室內。

茗心坊研發茶膏沖泡後湯面的變化。

　　品飲後就湯色、口感與喉韻等各項觀察評比，都不遜於莊靈提供試泡的百年絕版茶膏，入口濃郁的黏稠感與直入丹田的茶氣，更讓味蕾頓時迴盪在歷史與現代交織的時空，令在場見證的友人都嘖嘖稱奇。

　　曾以絕佳創意打響「開喜烏龍茶」名號，今日且以「老子曰」茶飲料成功席捲歐洲市場的台灣茶界奇人葉兩傳，對於林貴松研發的茶膏也表達了高度興趣，希望能合作或取得專利量產，將清宮視為瑰寶的茶膏推向國際，我們且拭目以待。

2. 號級名茶的收藏與辨識 （清末民初～1949）

從 清朝中葉至民國初年，堪稱普洱茶交易最為熱絡的時代，**清代隸屬普洱府管轄的景谷、騰沖、思茅、下關、喜州、佛海**（今西雙版納勐海），**以及古六大茶山的易武、倚邦、曼撒（漫灑）、曼莊（蠻磚）、革登，還有順寧**（今臨滄鳳慶）**等地**，都設有民間私營的大小型茶莊商號，鼎盛時期當不下數百家，他們開創了普洱茶的輝煌盛世，也為後人留下不少好茶，在普洱茶「斷代」的分類上，一律稱為「號級茶」，且由於數量十分稀有珍貴，也稱為古董名茶。

歷經近一個世紀的戰禍頻仍、政權更迭以及人為的消耗，21世紀的今天，市場上還流通僅存的古茶，除了極少數百年福元昌號圓茶外，大多為同慶號、宋聘號、同興號、敬昌號、同昌號、車順號、陳雲號、可以興號、猛景號、鼎興號、鴻昌號等私人茶莊，在20世紀初期至1949年前產製的圓茶，以及少部分的茶磚、緊茶，年份約在60～100年之間，由於數量所剩無幾，今日動輒數十萬以上的天價，並非一般人所能消費得起。

其中，除了原本設於雲南倚邦的鴻昌號，由於早在三〇年代就在泰國設立分公司，得以在中共建國後，以「鴻泰昌號」之名繼續在海外傳承家業至今；

從剝開竹箬後的號級茶可以看出，內票多置於第二片（右/龍馬同慶）或第三片（左/敬昌號）茶餅的上方。

或如車順號、元泰豐號等，今日已有後人重新擦亮家族招牌外，其他老茶號多半早已消失在歷史的舞台。

　　至於1990年後冠上老茶號之名產製的茶品，不是惡意仿冒，就是外地商人趁商標法還混沌不明的時候假借名義、搶先註冊下的新品，讓許多老字號商家的後人，例如「乾利貞宋聘號」在石屏老街重新開張時，反而無法使用家族原有商標，令人不勝欷噓。

　　普洱圓茶早期又名「元寶茶」、「僑銷圓茶」，一般則多稱為「茶餅」，是普洱茶最早、也是目前最常見的一種型制。據說最早始於清朝雍正13年（1735年），並**在乾隆初年由開設在易武的同興號與同慶號首度推出**，根據《大清會典事例》記載：

第一章
古董茶藏茶與辨識

「雍正13年提准雲南商販茶，系每七圓為一筒，重49兩」。當時也為了便於馬幫的運輸，以竹筍葉外殼包裝七片圓茶，再用竹皮線綁緊為一「筒」，因此有了「七子餅茶」的統稱。再以12筒放入竹編的大簍內稱為一「籃」，現代茶商普遍稱為一「支」，大陸則稱為一「件」，也就是84餅裝。通常馬幫以兩籃為一擔，每一匹騾馬駄運一擔，約重120斤。

號級茶依現存僅有的茶餅來劃分，大致可以分為清末民初（約1900年～1920年）與民國時期（約1921年～1949年）兩大區塊。

如何辨識號級老茶？

過去私人茶號大多以少量製作的形式經營，不僅茶菁經過嚴選，配方也多有其獨特之處，例如不用短而細小的茶菁拼配、不會大量使用茶芽（最多只灑一些在茶面上）等，製作工藝如揉茶等也特別細緻，即便完全以手工石磨緊壓而使餅形大而鬆，卻因茶梗放在茶餅底部配以粗壯的茶葉，因此歷經多年也不易散開，反而更有利於陳化。

再者，在整體包裝上也十分用心：由於過去老茶號除了製茶賣茶外，大多兼營油糧食品或馬幫運輸等業務，因此所留下的餅面往往會出現米殼等穀物；在整筒（七片）的包裝上，最底層的一片茶餅大多倒轉放置；另外，又稱大票的內票紙則大多置於第二片、少數在第三片的上方，這都是號級茶才有的特色。至於，當時作為包裝的筍葉，在竹筍生產季節絕不可摘採使用，因為彼時的筍葉含有甜份，極易長蟲，只有

清末民初重要茶莊商號速見表

茶號名稱	設立地點	創始人
福元昌號	易武	余福生
同慶號	易武	不詳，清末民初由劉順成與其子劉葵光發揚光大
同興號	易武	不詳，清末莊主為向質卿，民初為向繩武
宋聘號	易武	宋聘三
乾利貞號	石屏	有認為錢正利或陳利貞開創，後為袁德洋（清末首屆經濟狀元袁嘉谷之父）
同昌號	清同治7年（1868）首創至清末停業。1921年朱官寶重新創建，其後莊主為黃備武，1930年代為黃文興，至40年代後為黃錦堂	
楊聘號	倚邦	
車順號	易武	車順來
陳雲號	曼撒	陳世元
敬昌號	江城	馬同恭
江城號	江城	廖雨春
元泰豐號	易武	吳元記
普慶號	易武	
鴻昌號	倚邦	
鼎興號	勐海	馬鼎臣
可以興號	勐海	周文卿
復興號	勐海	李拂一
俊昌號	鳳慶	駱英才

創始年代	備註
清光緒初年	有藍色、紫色、白色 三種內飛不同圓茶
約清朝中葉，有認為 清雍正13年（1736）	目前市面可見有「龍馬同慶」 與「雙獅同慶」兩種圓茶
約清朝中葉，有認為 清雍正10年（1733）	又名「同順祥號」或「中信行」
清光緒初年	袁宋兩家連姻後合併為乾利貞宋
有認為清道光年間開 創，至清光緒22年 （1896）袁家接手	聘號，民初在香港設立分公司商 標為福華號宋聘嘜
	黃文興稱「同昌號」，黃錦堂稱 「同昌黃記」
民國初年	圓茶為二分熟茶，餅身較小直徑 僅19公分
清光緒26年（1901）	
清末民初	
清光緒初年	前身為「信昌號」
1930年代	
清光緒31年（1906）	至今仍有後人在易武老街傳承經營
清末民初	
1920年代末期	30年代後因戰禍而轉移在泰國曼 谷設立「鴻泰昌號」
1930年代	有藍色、紅色、紫色三種內飛圓 茶與末代緊茶
1925年	以10兩生茶磚著名
1920年代	已無任何老茶留下
1930年代	已無任何老茶留下

採筍季以外的筍殼才堪運用。

再從茶票紙來看，較早期（清末民初）的茶品使用的內飛大多為手工製作的薄棉紙，且大多以木刻手工蓋印；而較後期（民國時期）的內飛則紙質較厚。

「品相不凡、老韻十足，香陳味醇、氣強而化」，16字道盡了現代茶人對號級茶的讚賞與評價，因此真正年份夠老的號級茶，經多年轉化後的茶香必然沈穩幽雅，有人稱之為「古檀木香」，也有人以「樟香」稱之；至於茶湯則質濃豐郁而飽滿，而且每泡茶都有不同的韻味與魅力。

老茶號所留下的餅面往往會出現米殼（圖中黃色部分）等物。

普洱茶王——福元昌號圓茶

目前流通在市面上的號級普洱茶，茶商多公認以「福元昌」圓茶價值最高，茶葉厚大、條索寬扁，以其磅礡的氣勢而號稱「普洱之王」，茶品則以不同內飛分為較剛猛的藍色與紫色，以及較柔順的白色三種，朱紅色圖字，多為野樟香，茶湯呈栗紅色。

坊間一般說法是：清朝光緒初年由余福生創設於易武的「福元昌號」，前身為設於倚邦的「元昌號」，今天真品一餅難求，收藏家手中陳期約110年的單餅，甚至要價50萬人民幣以上。

但根據現代學者親訪余家後代得知：余福生生

普洱茶后——
龍馬同慶與雙獅同慶之辯

同樣風靡兩岸的「同慶號」圓茶，長久以來就以極其幽雅內斂的風格，而被港台兩地茶人譽為「普洱茶后」。但其真實的創建年代，以及目前流通於市面的「龍馬同慶」與「雙獅同慶」兩種商標，孰先孰後的爭議至今仍難分難解，讓消費者不知何去何從。

根據最早推出《普洱茶》一書，開啟普洱老茶競逐天價的〈中國普洱茶學會〉會長鄧時海說法：同慶號早年為對抗仿冒，首先加註「龍馬商標」作為內飛，後來更加上有「白馬、雲龍、寶塔」圖案的大張內票，然而，直到1920年仍不免因為「仿冒者眾」，進一步將商標全面改為「雙獅旗圖」。因此，

龍馬同慶圓茶號稱普洱茶后（大友普洱茶博物館藏）。

第一章　古董茶藏茶與辨識

1920年後問世的雙獅同慶號圓茶（呂禮臻藏）。

龍馬同慶圓茶的內飛。

前者稱為龍馬同慶，後者則稱雙獅同慶，兩者均為不可多得的古茶精品。

上述說法在近10年來一直為茶界所引用，並據以區隔龍馬同慶與雙獅同慶的不同市價，不過最近兩年卻不斷有人從內票印刷技術的優劣提出質疑：雙獅同慶，無論印有「青天白日旗」或「五色旗」的內票，其印刷均十分粗糙拙劣，相當程度地符合了1920年代的木刻刷墨技術風格；反觀龍馬同慶內票的印刷

細緻精美，且有交織的織巧紋理底圖，因此認定應為印刷機所精印而成。進一步說，即便龍馬同慶的木雕師傅能將印章雕得巧奪天工，經過一次又一次刷墨後，也必然使細節部分糊作一團。

因此，有些人大膽推論「雙獅同慶圓茶應推出在先，龍馬同慶反在其後」；甚至還有專家直指龍馬同慶根本為

龍馬同慶的大票（上）印刷精美細緻，雙獅同慶大票（下）印刷較為粗糙拙劣，符合當時的木刻刷墨風格。

同慶號的仿品。由於新的說法徹底推翻了坊間原本流傳「龍馬同慶較早」的共識，對市場價格影響太大，因此至今仍爭論不休。

我曾將此一爭議就教鄧時海，他表示自己不懂印刷，但「龍馬同慶無論就韻味、口感或香氣表現，絕對優於雙獅同慶」。並且在所有號級茶中，是唯一使用麻竹竹箬包裝者，竹篾捆綁技術也最為講究。

我也曾在友人處品得真品龍馬同慶，由於年代久遠，開啟時餅緣不免鬆動，沖泡後的茶湯表現且一如內票所述「水味紅濃而芬香」呈剔透的深栗色、幽雅內斂，入口則細柔滑順；至於雙獅同慶，一般的評語是「香氣柔揚開朗，甜潤非凡；茶質實在，茶韻明朗」。

龍馬同慶圓茶的茶湯水味紅濃而芬香。

如果沿襲舊的說法，簡而言之：同慶老號原本只有「龍馬」商標的內飛，其後

同慶號茶莊設於石屏總店的遺址。

疑是早期老同慶號的圓茶筒包與薄如蟬翼的內票（茗心坊藏）。

為遏阻仿冒又「加內票以明真偽」，可是仍無法避免「假茶漸增、仿造愈眾」的困擾，因此不惜在民國9年（1920），忍痛將原有商標全然推翻，更改為五色旗或青天白日雙旗飄揚的「雙獅旗圖」，並加上地球圖案表明當時同慶茶已經開始走入世界市場。顯然當年贋品假貨橫行、仿冒茶品氾濫的情況，絕不亞於今日才是。

近年更有學者質疑，中國第一部商標法《商標註冊試辦章程》係1904年才由清政府頒佈，至於北洋政府頒佈《商標法》，並正式成立農商部商標局，也已經是1923年的事了。因此，按原本龍馬商標上明示的「久歷百年」內容來推算，同慶號的創辦年代最早也應在清朝嘉慶、而非雍正年間，坊間流傳的「同慶號迄今270年」並無具體證據，只能說是業者牽強附會的說法罷了。

唯一可以肯定的，是同慶號總店設在石屏，因此

統稱為「雲南石屏同慶號」，也就是說，**百年來同慶號在易武茶山收購茶菁，所製作的普洱茶成品則運回石屏總店發行。**今日在石屏老街依然可以找到老店的遺跡，只是建築殘破，人事也全非了。

追溯青天白日旗與五色旗兩者見諸史實：民國元年（1912）元月10日，由當時的北洋政府通過以「五色旗」為中華民國國旗，直至民國14年（1925），中華民國國民政府於廣州成立後，才定「青天白日滿地紅旗」為中華民國國旗，並在蔣介石北伐成功後的民國17年（1928），正式在全國各地通用。因此雙獅旗圖的商標必然在1920之後才出現，且五色旗必先於青天白日滿地紅旗。

此外最具爭議的是竹笁支飛大字與早期同興號極為相似的「同慶號」，明明第二字左邊長長的一撇看來就是個「慶」字，卻由於目前常見的龍馬同慶號竹笁支飛多為「同慶字號」四字，而判定絕非龍馬同慶。不過卻與雙獅同慶筒包上原有的「同慶號」三字相同，下方也同樣有橫批「陽春吃茶」紅色四字，只是內票則比早期的薄白棉紙更薄，甚至能用「薄如蟬翼」來形容，拆開時多半破損不堪，字跡更已遭蟲蛀蝕，根本無法辨識，因此被推論「疑是」比雙獅或龍馬更早的同慶號。真相如何？還望手中擁有相同完整筒包、且內票足堪辨識的收藏家給予指正了。

雙獅同慶筒包上竹笁支飛僅有同慶號三字（鄧時海提供）。

古董茶三大號之二——同興號圓茶

同慶號、同興號、宋聘號三者，一向被普洱茶界視為「古董茶三大號」。其中，同興號圓茶，由於品質極優，深受茶人的喜愛，只是流傳至今的茶品數量稀少，已達到價昂貴尊的境界，使得不同年代的多款茶品眾說紛云。

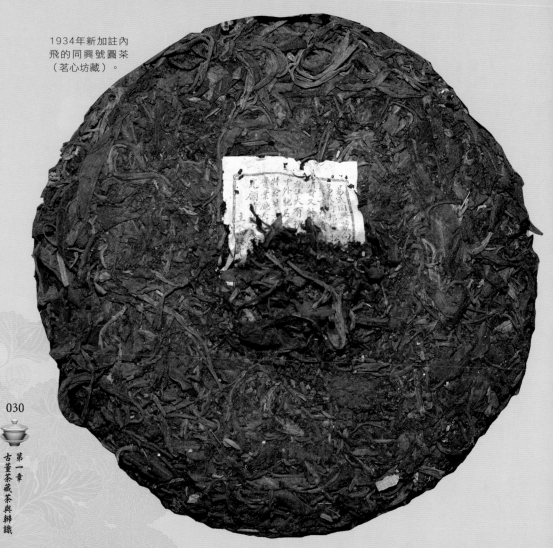

1934年新加註內飛的同興號圓茶（茗心坊藏）。

坊間書籍一般僅大別為「早期」與「後期」，其實只說對了一半，就筆者深入考證，並拜訪港台資深收藏家以實際茶品觀察的結果，發現**目前市面上至少留存四款以上的同興圓茶**：清末至民國成立前（1912年前）的「早期同興老圓茶」或稱「貢品同興」、1913～1933年的「同興老圓茶」，以及目前較常見的「同興圓茶」（1934～1935年），還有1935年以後所產製的「後期同興圓茶」等，四種圓茶的原料皆採自倚邦山曼松頂上茶園，品質均十分優異。

1934年同興號圓茶由向繩武署名的內飛。

同興號圓茶由向直卿署名的內票。

依照1931年（中華民國20年）公佈施行的《商標法》來判定，則有清末民初商標法公布前以木刻蓋印、手工薄棉紙內飛的**早期同興號**，以及1933年以機械印刷、厚草紙質內飛，並明顯註明「因假冒甚多，特於二十二年稟請實業廳長立案註冊」的**中**

完整的筒包同興
號圓茶。

期同興號，二者內飛均為「向繩武」署名，並有「向直卿」署名的內票，只是前者尚未「立案註冊」而僅有「假冒甚多，特加內飛為記」等文字。

在此之前，尚有署名「雲南易武同興號主人向直卿謹識」內票，但無內飛的**早期同興老圓茶**，只是確實年代無法可考罷了。

不過無論中期或後期，內飛文首的「易武同興號向『質』卿專辦易武倚邦蠻松頂上白尖金蓮商標貢茶」等字樣，卻委實讓現代茶人傷透了腦筋，因為第一餅與第二餅之間綠底（或黃底）紅字的大內票，署名的則是向「直」卿，他到底是向「質」卿的父親、兄弟？或只是當初印刷的筆誤，至今仍屬難解的歷史公案。

後期同興圓茶，除了內飛明顯不同外，內票也改為中英文對照的「石印雙象蓮」商標，並註明**「特自1935年中」**更換，上方並有主人向質卿（中）、督造人向繩武（右）、督造向壽山（左）三人的頭像。從殘存的大型內票來看，同興號當時已經「中外相傳五世，歷時壹百五拾餘載，馳名已久」。內文中最讓

第一章　古董茶藏茶與辨識

茶人爭議的「採辦主人向質卿小熊督造人向繩武弟元像外每元內有」等字樣，因為中文部分大多模糊，又無標點符號斷句，今人僅能以常理判斷或推測：小熊應為兒子之意，也就是說，督造人向繩武應為向質卿兒子、督造向壽山則為向繩武之兄弟；若從左側英文的 "Hsiang Sheng wu and his brother" 來看，反而可以清楚分辨。

中英文內票文末的「一、專辦易武倚邦正山同興向質卿上印茶莊元茶。二、專辦蠻松正山同興上印荷花紙包鳳尾茶。三、兼辦易武同順祥向繩武茶莊元茶。四、向慶記向壽山督造」等宣示文字，使得1935年以後出現的後期同興號，又有人將其歸類為「向慶記同興圓茶」。

話說「同興號」是易武最早成立的茶莊，坊間咸認為在清朝雍正時期的1733年就已成立，只是當初名為「同順祥號」、或稱「中信行」罷了。同興號曾以年產普洱茶五百擔的大型茶莊，與同慶號及宋聘號等三強鼎立於清末民初的易武大街，茶莊遺址且有幸殘存至今日。

呈褐黃色的同興號茶湯，表面泛起明鏡般的濃亮油光。

四種圓茶竹筍葉殼的筒包外觀都差不多，差異處僅在上方紅字的「普洱貢茶」，早期字樣較小。至於正中的藍黑大字「同興號」，下方紅色無框印字「陽春吃

茶」皆同，左右也都印有紅字，只是遭到歲月嚴重侵蝕，早已模糊無法辨識了。

品飲中期的同興號圓茶，但見茶面條索分明，一副老當益壯的凜然雄風。沖泡後的茶湯則呈褐黃色，與其他古茶常見的棗紅色明顯有別，表面且泛起明鏡般的濃亮油光。入喉後口舌生津，餘韻更可以「盪氣迴腸」來比擬，且沖至第10泡後仍不減茶性，抒揚的茶氣與甘醇依然洋溢，彷彿滲透至靈魂深處的精靈，令人難以忘懷。

1935年後同興號為遏止仿冒而新增的石印雙象蓮商標中英文大票。

位於易武老街上的同興號遺址。

第一章　古董茶藏茶與辨識

古董茶三大號之三──宋聘號圓茶

　　「乾利貞宋聘號」是1898年才從石屏遷往易武的老茶莊，石屏位於今天雲南省紅河哈尼族彝族自治州，易武則在西雙版納傣族自治州，二者以過去的交通可說相隔甚遠，但當初在易武設立茶莊的商人卻清一色來自石屏。所謂「歷史茶馬古道，易武重鎮為源，正山市場開拓，石屏人士當先」。

　　遠從清朝中葉就有許多石屏人在思茅普洱地區、西雙版納易武一帶用馬幫駄運茶葉進行買賣，發展了普洱茶產業。

乾利貞宋聘號圓茶是不可多得的茶品。（老吉子藏）

宋聘號的湯色與葉底表現。

　　在行家眼中，「乾利貞宋聘號」圓茶是可遇而不可求的古董茶珍品，六個字的長名是因為設於清朝光緒初年的「宋聘號」茶莊，後來與「乾利貞」商行兩家連姻，並合併為乾利貞宋聘號的緣故。

　　今日流通的茶品有1930年以前的紅內飛宋聘圓茶，以及1930年後的藍內飛宋聘圓茶兩種，還有民國初年宋聘號在香港設立分公司，以「福華號宋聘嘜」品牌所生產的茶品。

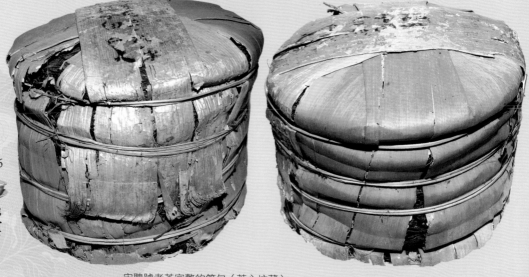

宋聘號老茶完整的筒包（茗心坊藏）。

　　乾利貞茶號原名「錢利貞」或「陳利貞」，有人說是錢正利於光緒初年所開設，也有人說最早為陳姓茶商於道光三年（1823年）開設，同治四年（1865年）一度停業後改名為乾利貞茶號，再於光緒23年（1898年）遷往易武鎮經營。

　　至於清末「自強運動」以後，清廷科舉首創的「經濟科」，第一位經濟狀元袁嘉谷的父親石屏袁德洋，也是當時宋聘號的創辦人之一。而宋聘號在抗日戰爭前的四大股東，就包括了袁狀元的後代袁謙祿，以及劉子輝、宋聘三、傅鑑珍等人。

　　另外，也有學者表示：宋家「宋聘號」茶莊創建於清光緒6年，袁家「乾利貞」創建或接續於清光緒22年（1896年）；至民國初年，袁、宋兩家聯姻，

宋聘號遺址珍藏的當年壓製圓茶的石磨，上面清晰可見「石屏商會」字樣。

重新與世人見面的乾利貞茶號負責人高筱芳與作者。

茶莊才合併為「乾利貞宋聘號」，所製作的圓茶印有
白底深藍色的「乾利貞宋聘號」的「平安如意圖」內
票。

民國時期乾利貞茶號在易武有加工坊，石屏則作
為乾利貞的總發行所。今天設於易武的宋聘號遺址已
改建為易武中小學，而總號遺址則在石屏老街的「袁
狀元府」。

我曾在2007年春天前往拜訪石屏的袁狀元府，
至今仍完整保存了早期以「石屏商會」為名的壓餅石
磨。根據現任的茶莊負責人高筱芳表示，目前茶莊遺
址已由石屏相關政府部門出資買回並作了修復，使得
宋聘茶號終於又與世人見面。

**只可惜「乾利貞宋聘號」金字招牌早在多年前被
外地商人搶先註冊，讓真正傳承至今的茶莊面臨無法
掛牌的命運。**

高筱芳告訴我，袁狀元的父親袁德洋靠走西頭經

營鹽業、茶葉等買賣致富，而成為當時乾利貞茶號的大股東。由於深信「家無讀書子，官從何處來」的古訓，因此不斷購買經史子集供子女發憤閱讀，終使袁嘉谷一舉高中經濟科特元。

由於稀有珍貴，市面上當然有不少的宋聘號仿品出現，最常見的就是1970年代以後，在泰國以清邁茶菁所製作包有白報紙的乾利貞號，馬來西亞人普遍稱之為「火燒雲」。不過仿品或贗品翻印的內飛或內票印刷大多模糊拙劣，與真品的字跡清晰無法比擬。

清末首屆經濟狀元袁嘉谷留下的袁狀元府，
即為乾利貞總號遺址。

今日設於易武的宋聘號遺址
已改建為易武中小學。

清末首屆經濟狀元袁嘉谷像。

江城三寶──
敬昌號圓茶、江城號圓茶、江城鐵餅

早期知名的老茶號多來自西雙版納的易武或六大茶山等地，但來自普洱市江城縣的「敬昌號」卻也不遑多讓，不僅茶面條索肥碩油亮，餅身勻襯飽滿，自然散發出一股渾厚的霸氣。而且在所有私人老茶號所出品的古董茶品中，無論工序、製作工藝、筒包技術乃至內飛內票的印刷，最受茶人推崇的普洱茶標竿，除了龍馬同慶號外，就屬敬昌號圓茶了。

今日留存的敬昌號圓茶，市面可見的可大別為1930年代的大內飛與1940年代的小內飛兩種，坊間有認為小內飛時間在前，其實是不對的。因為仔細觀看兩者的「採茶圖」大內票，前者大票為早期的薄棉紙，底下清晰可見「金蘭承印」四字，而後者則為「美麗印書館代印」七字。每餅直徑為20.5公分，重330公克，內飛則為橢圓形圖案，在1930年以前為6.4×7.8公分的大內飛，以後則為4.5×6公分的小內飛。

至於以「採茶圖」為主的老敬昌號圓茶內票（寬13.5×高15.2公分）更是茶人愛不釋手的珍藏品，儘

敬昌號老圓茶（大內飛）水性極為細滑，最受收藏家喜愛（若心坊藏）。

第一章 古董茶藏茶與辨識

管歷經數十年的歲月而遭蠹蟲蛀蝕不堪,但精緻而脫俗的構圖仍清晰可見。尤其畫面以細膩的勾勒表現,將三名少女在大葉種喬木茶樹間採茶的活潑景象作具象的表現,文字以「採用雨前春蕊」等內容突出品牌價值,而「久為中外人士所讚許」則標榜了營銷海外的亮麗成績,至於文末的「認明採茶圖商標」等防偽字樣,則是當時著名茶號所共同的困擾。對照今日幾可亂真的作舊仿冒古董茶充斥市面,當年的仿冒者也要自嘆弗如吧?

敬昌號圓茶不僅筒包技術精緻,就連竹筍葉殼包裝正面中央工整的黑色楷書「敬昌茶莊」,以及上下左右「雲南普洱正山貢茶」、「精工揉造」、「字號圓茶」、「上印」等朱色印字,都顯示了獨一無二的氣勢。

極富韻致的敬昌號屬野樟茶香,品飲過的茶人都說其水性極度細滑、入口即化。

此外還有1960年代產製者不詳的敬昌號,採茶圖大內票紙張明顯較厚,且底下並無註明承印廠商。

成立於清朝光緒年間的敬昌號茶莊又稱為信昌號,一般均認為是在江城就近取曼撒茶山最優質的茶菁產製圓茶,所留下的老茶至今仍為收藏家所深深喜愛,名氣不亞於同慶、宋聘等老茶號,被茶界

敬昌號無論製作工藝或筒包技術都是茶人推崇的普洱茶標竿(茗心坊藏)。

敬昌號採茶圖的內票底下為早期的「金蘭承印」四字（左），而後期則為「美麗印書館代印」七字（右）。

譽為「入口即化、水性最細滑」的敬昌號圓茶，「天下普茶，無一能與其較量形式之美」，目前僅有極少數古董茶流通於市面，極其稀有而珍貴，當然價格也始終居高不下。

1960年代產製者不詳的敬昌號內票底下未見承印廠商字樣。

「敬昌號」是江城最古老的百年茶莊，成立於清朝光緒年間。根據《雲南省茶葉進出口公司誌》的描述，敬昌號在江城就近取曼撒（漫灑）最優質的茶菁產製圓茶，雇牛幫或馬幫運往老撾，再裝木船運往越南、泰國或香港銷售，出口業績斐然，**在當時所有的老茶號中，堪稱是出口海外最為亮眼的茶莊**，儘管在抗日期間一度停止運銷，至1949年又開始從廣州運銷香港或曼谷等地。

在當地耆老的引領下，我們驅車穿過古

第一章 古董茶藏茶與辨識

敬昌號的湯色與明顯可看出茶籽的葉底。

意盎然的「過街樓」，眼前景象瞬間轉為電影中常
見的民初場景，木造古老建築在兩側摩肩接踵列隊
展開，閣樓青瓦覆蓋的蔓草則在微風中飄搖著悠悠歲
月，原來這就是始建於清朝乾隆年間、縣城內保留最
完整的「勐烈老街子」：呈丁字交會的老街與岔街，
於民國初期有普洱茶莊如福春隆茶莊、鴻順茶號、
興華祥茶號、福泰昌茶號、同興昌茶號、敬昌茶號等
20多家。而名氣最大的敬昌號就是以墨江馬同恭為業
主，派墨江人李發相所經營的當時規模最大的茶號。

四〇年代後的敬
昌號圓茶為小內
飛（大友普洱茶
博物館藏）。

今天座落勐烈老街子的遺址已改建為水泥樓
房，所幸內部仍有零星的製茶空間，
以及騎樓僅存的幾根石柱與石
碑，得以見證昔日的輝煌。

目前市面上與江城縣
有關的普洱老茶，除了年
代久遠的古董級敬昌號
圓茶外，就是約1950
年代產製的江城圓
茶，以及約1960年代

敬昌號遺址今天僅留下大門的石柱與碑石見證昔日輝煌。

江城勐烈商業老街曾是普洱茶交易熱絡的市集。

至1970年代間產製的江城鐵餅。

「江城號」茶莊是否存在的事實始終成謎，至今仍困擾著不少普洱茶的研究學者。我曾在江城縣城遍訪當地耆老、資深茶人與相關官員，幾乎也都一致表示「江城縣內過去老茶號甚多，就是沒有江城號」。

有學者認為，由於目前流傳的江城號圓茶，內票文末印有「認真包裝，定符國內外之需要。繁榮經

第一章
古董茶藏茶與辨識

濟，有利賴焉」等字句，內票的署名也僅有「易武江城茶莊」而無主人姓名，因而大膽推測為抗日名將廖雨春在兵敗上海後移居雲南，於1950年代以「敬昌號」的技術，冠上**「江城號」**品牌所產製的普洱茶，茶餅僅附有內票而無內飛，且今天留下的數量比敬昌圓茶更少，已是不折不扣的「孤品」了。

另外，眾說紛紜的**江城鐵餅也非江城號所出**，一般推測應該在1960年代文革期間，為江城縣內少數民族利用農閒時所產製，與江城圓茶的製作工序大致相同，均採用單一茶菁。此外，由於時機敏感，農民不敢附上載有文字的內票或內飛，僅能在茶餅上加註紅帶為記。且由於木模壓製較為緊實，而有了「鐵餅」的封號。

與所有的鐵餅相同，江城鐵餅的餅身結實，形成餅層封閉，餅內茶葉無法接觸到太多空氣中所含的水分，因此陳化較為緩慢，儘管至今已有30年以上的陳期，茶韻與柔軟度卻無法與同期的其他普洱相比，沖泡後的蘭樟香氣尤其強烈。

目前流傳的江城號圓茶，內票印有「認真包裝、繁榮經濟」等字句。

江城鐵餅沒有內票或內飛，僅在茶餅上加註紅帶為記。

黃文興與黃記——同昌號圓茶

創設於清朝同治7年（西元1869年）的同昌號，位於今日西雙版納傣族自治州的易武鄉，我曾數度前往，造訪至今依然挺立在斑剝茶馬古道間的遺址，感受百多年的輝煌與滄桑，只是曾經精心孕育製作的老茶珍品，在故居卻早已不可尋得了。

有趣的是，目前市面可見不同內飛或內票的同昌號老圓茶，同為同昌號但署名卻各自不同，而且都強調「恐有假冒」：如「本號開設易武大街專購正山細嫩茗茶揉造發行，恐有假冒，特加此內飛為記，主人黃文興謹白」；或「本號經營茶葉歷有年專購正山細嫩茗茶精工揉造發行，恐有假冒，特加此內飛為記，同昌黃記主人謹白」；或「本號在易武正街開張同昌黃記，揀選細嫩茶葉加工

同昌號黃文興圓茶餅面與筒包（茗心坊藏）。

同昌黃記圓茶（老吉子藏）。

同昌黃記的筒包工藝極為細緻精美（老吉子藏）。

第一章　古董茶藏茶與辨識

揉造白尖,此茶與眾不同且能消食除冷去毒,存留日久更佳,凡官商光顧請認明內票並元飛為記,主人黃錦堂謹識」等。

同昌號黃記圓茶的內飛。

之所以有上述現象,是因為1869年創立的同昌號在清末一度停業,1921年前後才由朱官寶重新創建,在抗日戰爭前夕的主人為黃備武,再由黃文興接手,內飛署款自然改為「主人黃文興謹白」了;至1940年代後期,同昌號主人又換成了黃錦堂,內飛署款再度改為「同昌黃記主人謹白」。

因此,目前流通市面的同昌號才有了黃文興(竹筍葉殼正面為『同昌號』字樣)、黃記(竹筍葉殼正面為『同昌黃記』字樣)之分,而黃記又因內飛顏色的差異而有紅圓茶、藍圓茶之分。

同昌黃記的茶湯每泡都有不同的韻味。

同昌號黃文興圓茶,呈深栗色的餅身極為厚實,餅面自然散發油亮的光澤;尤其條索扁長、白毫粗碩,可以明顯看出梗葉一體的茶菁。沖泡後將溫潤的茶湯輕啜入喉,濃醇甘美的韻味頓時直衝腦門。

福元昌號在易武的遺址仍保存十分完整。

稀有的陳雲號圓茶堪稱孤品中的孤品（老吉子藏）。

曼撒茶山孤品再現──陳雲號圓茶

六大茶山之一的曼撒茶山，位於老撾邊境，海拔約1600公尺，今日行政區隸屬西雙版納勐臘縣曼臘鄉。早在清代即有石屏商人陸續進駐，並在民國7年（1918）達到鼎盛，著名茶莊包括陳雲號、同順號、德順祥號、天順祥號等，其中尤以陳世元家的「陳雲號」最具規模，當時自家且擁有騾馬、牛隻等組成的馬幫商隊，將茶品直接馱到越南萊州銷售，聲勢並不遜於易武同慶號、宋聘號等大型茶莊。

　　今天留存在市面上的陳雲號圓茶有兩種，數量均極為稀少，堪稱「孤品中的孤品」：比較常見的是類似青天白日國徽的雙圈十角形花紋內飛，圈內印有反時針順序的「陳雲資印」四字，內票則為直書六行藍字，上端橫書「陳雲號」；**另一款圓茶為白底紅字內飛**，上端清晰可見「陳雲號茶莊」五字，下方同樣為直書六行，只是一律皆為紅字罷了。專家表示內飛紙張係以早期竹纖製成的白色薄棉紙，再以硃砂刷印而成，十分古樸而別具趣味。

　　我曾在老吉子茶莊見到後者，並在主人鄭添福慷慨應允下拆開拍照。沖泡後但見茶湯紅濃油亮，香氣沈穩而悠長，踏實而不浮華，而入口後濃稠的厚實飽滿，以及在喉間緩緩釋出的丰姿熟韻等，在在都令人驚豔不已。

陳雲號紅濃明亮的茶湯及白底紅字（左）與雙圈十角形（右）兩種內飛。

瑞貢天朝——車順號圓茶

車順號在易武老街上算是保留完整的古老雄偉建築，門額上斗大的「瑞貢天朝」御賜匾額尤其亮眼。根據雲南茶葉市場網站上，「車順號第五代傳人車智洁」的說法，車順號係「清朝宣宗道光年間」所創立，而他是「受車順來子孫在世最長一輩、八個第四代的長輩的委託，繼承祖業。」

目前市場上流通較多的車順號茶餅，外包茶票紙上也多明白印有「車順號第五代傳人車智洁監製」以及「1839年道光帝御賜」等字樣。但是在相同的網站上，卻又有另一篇「車順號主人車麗琴」完全相反的鄭重聲明。

車順號完整的筒包（鄧時海藏）。

不過目前在易武車順號遺址上，主人則是嫡系第五代傳人車志新，他的說法可能最為正確：「曾經擔任易武鎮長的車尚義與車順來胼手胝足，於清朝光緒26年（1901）創建的車順號，當時設立時資金僅一萬元，年產普洱茶五十擔。」

車順號茶莊曾在光緒末年以圓茶敬貢朝廷，而榮獲雲南布政史轉贈禦賜「瑞貢天朝」匾額。由於御賜匾額兩端皆無皇帝年號，也未標示年代日期，僅在右側註明「欽命頭品頂戴雲南等處承宣布政使司布政使捷勇巴圖魯史為」，以及左側標示「例

貢進士車順來立」字樣，因此車順號創立的時間與後代傳人儘管出現幾個截然不同的版本，一般咸認車志新的說法較為平實可信。根據車志新的說法，創立當時的車順號比起其他大型茶莊，算是規模較小的商號了，年收入卻可達1.5萬，當年普洱茶交易的盛況可見一斑。

車順來不僅獲頒匾額，還被冊封為「例貢進士」品位、賜官衣、官帽，可知清廷對普洱作為貢茶的重視程度。不過2005年11月我再度走訪車順號，卻見大門深鎖，原本珍藏在閣樓內的「瑞貢天朝」匾額已移至勐臘縣博物館，門額上則換成了電腦列印的原樣複製品。

今天留存的車順號圓茶，大多已近甚至超過100歲的高齡，但由於貯藏良好，依然純淨且活力十足，全然沒有過度陳化的疑慮，所表現的陳韻與藥性香味也依然讓人迷戀。

約有100歲高齡的車順號圓茶（鄧時海藏）。

車順號於清末獲頒的瑞貢天朝匾額。

至今仍保存完好的易武車順號原址。

猛景緊茶蟾蜍皮狀的老皺紋面，可以明顯感受喬木老樹的茶菁（鄧時海藏）。

末代緊茶十兩磚——

猛景號、鼎興號與可以興號

今日流通於高價市場的古董名茶大多為圓茶，唯二的例外是兩款末代緊茶與可以興磚。

緊茶在港台兩地一般俗稱為「香菇頭」，因為外形與香菇實在太相像了，但在原鄉雲南或西藏等地則普遍稱之為「帶把的心臟」。早期緊茶大多銷往藏區，深受藏人的喜愛，後來由於考量包裝與運輸的方便性，而逐漸被碗形麵包狀的沱茶取代，因此早期留下的少數緊茶就被稱為「末代緊茶」，算是一種特別的懷念與稱呼吧？

其實心臟型的緊茶原本不帶把，由於早年完全倚賴牲畜馱運，竹簍、筍葉等包裝不堪長途顛簸跋涉，而在運輸過程中多有破損，茶葉也易受潮霉變，因此將原來的心型加上一個小柄，每七個首尾相連，用糯

第一章 古董茶藏茶與辨識

筍葉包成一個長條，讓緊茶相互之間形成空隙，不僅有利通風透氣，也減少受潮霉變的可能。改良後帶把的心臟型緊茶，從此一直沿用至1960年代中期。

坊間一般稱為末代緊茶的主要有兩種，即製作為生茶的「猛景緊茶」，以及四分熟的「鼎興緊茶」：猛景緊茶來自今日普洱鎮東北方的「猛弄」茶山，是清末民初古普洱府（即今寧洱縣城普洱鎮）內的「猛景號茶莊」所生產，目前所見大多有70年以上陳期。至於當時縣城內其他茶莊如同心昌號、協太昌號、廣興隆號等，今日均已成絕響。因此**猛景緊茶可說是至今流傳的號級老茶中，唯一來自普洱府的「絕響」茶品**，格外令人珍惜；**鼎興緊茶則為四分熟茶，係勐海縣的「鼎興號」茶莊於1940年代所生產。**

事實上，1946～1947年間，藏人也曾趕著馬幫前往易武，向當時包括「福元昌」在內的幾家老茶號訂製數批帶把心型緊茶，只是至今並無留下任何茶品

猛景緊茶的茶湯以藥香
濃郁、茶氣強烈著稱。

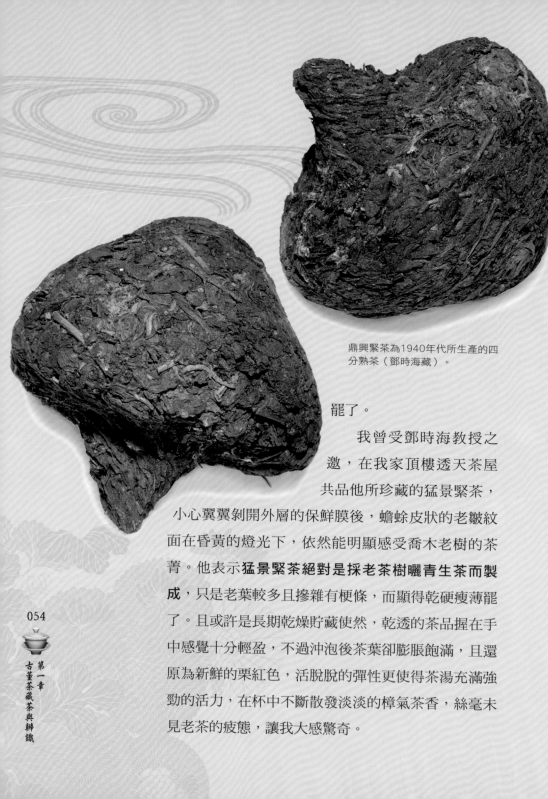

鼎興緊茶為1940年代所生產的四
分熟茶（鄧時海藏）。

罷了。

　　我曾受鄧時海教授之
邀，在我家頂樓透天茶屋
共品他所珍藏的猛景緊茶，
小心翼翼剝開外層的保鮮膜後，蟾蜍皮狀的老皺紋
面在昏黃的燈光下，依然能明顯感受喬木老樹的茶
菁。他表示**猛景緊茶絕對是採老茶樹曬青生茶而製
成**，只是老葉較多且摻雜有梗條，而顯得乾硬瘦薄罷
了。且或許是長期乾燥貯藏使然，乾透的茶品握在手
中感覺十分輕盈，不過沖泡後茶葉卻膨脹飽滿，且還
原為新鮮的栗紅色，活脫脫的彈性更使得茶湯充滿強
勁的活力，在杯中不斷散發淡淡的樟氣茶香，絲毫未
見老茶的疲態，讓我大感驚奇。

第一章　古董茶藏茶與辨識

　　至於同樣珍藏在鄧時海家中的**鼎興緊茶，聞之有濃郁的野樟香**，儘管是四分熟茶，歷經六十多年後，卻有生茶陳香、水滑、氣足的表現。品飲起來寧靜舒適，茶湯活性及溫潤的藥香，表現絲毫不遜於其他60高齡以上的陳年生茶，只是細膩度稍顯不足罷了。

　　提到鼎興號，就不能不提到著名的鼎興號圓茶了。話說鼎興號茶莊向以生產高級普洱茶品著稱，留存至今的**鼎興圓茶則以內飛顏色的不同，分為紅圓**

來自大馬乾倉的鼎興號圓茶（馬來西亞老喬木藏）。

鼎興號圓茶紅內飛。

茶、藍圓茶和紫圓茶三種，假如以1940年前後來推算，陳期應該都超過60年了。紅色與藍色內飛的茶餅多為1930年代所產製，餅面呈較深的暗紅色，但條索卷實且有油亮的光澤。1940年代初期所產製的紫圓茶則餅身顏色較淡、條索揉捲較鬆，據說厚度在所有老普洱茶中居冠。

鼎興圓茶的紅色與藍色內飛圓茶，內票圖案的「星月」標誌簡直像極了土耳其國旗，深入推論的結果，原來鼎興號的創辦人馬鼎臣就是回族穆斯林，無怪乎商標充滿伊斯蘭色彩了。不過內票文字提到的「本號選辦正山細嫩雨前春尖茗芽加工揉造發行，有防假冒特印為記」，其中「正山」二字容易令人聯想到易武正山，其實原料是來自勐海嚴選的優質茶菁，看倌可千萬別誤會了。

2007年深秋我前往馬來西亞，在「老喬木」發現一片鼎興圓茶，主人魏秋俤表示為祖父所留下，應該是直接來自民初的中國，可說是不折不扣的「大馬倉」代表了。舉起放大鏡瞧個仔細，應為紅色內飛圓茶，由於大馬絕佳的氣候條件，整個餅身十分乾淨，也不會帶有吾人所熟悉的老茶陳倉味，堪稱是貯藏甚佳的鼎興圓茶上品了。

第一章　古董茶藏茶與辨識

同樣名為「末代」，末代緊茶與「末代皇帝」溥儀的命運卻大不相同，帶把的心臟在1960年代中期消失一段時日後的1980年10月，西藏宗教領袖班禪活佛親訪大理下關茶廠，明白表達藏人對緊茶的喜愛與懷念後，下關茶廠又在1981年專為班禪生產一批生緊茶，貼上「寶焰牌」內飛，此即今日吾人所熟悉的「**班禪緊茶**」。另外，1980年代末期，下關茶廠也應藏區的要求，陸續推出**火焰牌緊茶**至今，更顯得末代緊茶的彌足珍貴。

1925年由周文卿在佛海（今西雙版納勐海）創辦的可以興茶莊，代表作就是已成絕響的「十兩磚」可以興磚茶：不同於今日常見的250公克（6兩半）茶磚，10兩磚茶不僅堪稱普洱茶史的唯一，更是唯一由生茶壓製的老茶磚，尤其以代表頂級勐海茶菁的細黑條索普洱茶菁產製，堪稱黑色普洱茶的標本。

下關茶廠在1981年專為班禪活佛生產的班禪緊茶與寶焰牌內飛。

古老的可以興磚茶是罕見的10兩磚（大友普洱茶博物館藏）。

　　話說光緒末年，茶葉的重心漸漸從瀾滄江北的古六大茶山，移到江南的近代六大茶山，包括勐海（佛海）、勐遮（南嶠）等地開始有商人開設茶莊商號。民國初年，佛海的茶莊逐漸興盛，鼎興號、可以興號、時利和號、復興茶莊等成為當時茶莊的佼佼者。

　　在李拂一先生的鼓勵下，可以興號的周文卿，不僅加工茶葉外銷至印度，也製作圓茶數百馱銷往香港及緬甸曼德勒、仰光及印度加爾各答等地，使得可以興茶莊在近代普洱茶史上留下重要紀錄。

　　市面上已所剩不多的可以興「末代遺作」茶磚，是目前所見最早的茶磚形式，其包裝以紅色鹿鶴商標為記、以白棉紙包四塊為一墩，外面再裹以竹箬。

　　可以興磚茶，因陳化已十分均勻，具有色棗如紅、湯色明亮、湯紅不濁等特色，且就茶質、茶氣、茶韻而言，茶人一致評為「磚中至尊」。

第二章

印級與七子級藏茶與辨識

3. 印級圓茶與鐵餅 （1950～1969）

1949年國民政府退守台灣，新中國在大陸成立，所有私營茶號從1950年起紛紛結束，普洱茶的產製正式進入計畫經濟國營茶廠的時代。1951年12月，「中茶牌」商標正式在北京完成註冊，1953年西雙版納佛海茶廠更名為勐海茶廠。

所謂「印字級茶」，指的就是勐海茶廠異幟後所生產的首批普洱圓茶，至1960年代末期為止，由紅印打頭陣，綠印則緊跟在後，再後為黃印。進入1970年代以後則全面為「七子級茶」所取代，可說「斷代得非常清楚」。

不過，紅印、綠印乃至後來的黃印等稱呼，都是現代茶商為了便於行銷而自行「追加」的封號。勐海茶廠在出品時並未做任何命名，外包下方文字永遠是雷同的「中茶牌圓茶」，正中央則由八個「中」字圍繞而成「八中」商標，中間再分別印上或蓋有紅、綠、黃三種不同顏色的「茶」字。顧名思義，紅印就是紅色茶字印記，綠印就是綠色茶字，以此類推。

不過要注意的是，無論外包紙係紅色、綠色或黃色茶字，內飛八中標誌中間的茶字可永遠是綠色，而且印級茶內飛僅有八中商標。假如商標下多了「西雙版納傣族自治州」、「勐海茶廠出品」兩行橫字，就是1970年代以後的「七子級茶」了，看倌可得瞧個仔細。

普洱茶當紅炸子雞──紅印圓茶

　　2007年夏天，由於普洱茶產量過於膨脹，中國大陸出現了所謂「盤整現象」，使得2007年大量出廠的「名牌」茶品價格一夕崩跌，然而2004年以前出廠的普洱茶卻異常地不降反升。除了原本就稀有珍貴的號字級古董老茶，由於資金轉移效應而大幅逆勢上揚外，**號稱「現代普洱貢茶」的紅印**，更像搭乘雲霄飛車似地節節飆漲，從年中的單餅6萬元人民幣左右直飆至近10萬人民幣之譜，讓許多資深茶人都跌破眼鏡。

1950年代第一批紅印是今日普洱的當紅炸子雞（茗心坊藏）。

有趣的是，勐海茶廠所生產的普洱茶，包括印級或後來的七子級圓茶在內，就只有**紅印圓茶、紅印鐵餅以及紅印沱茶三者**，能夠在外包茶票紙印上鮮明的紅色茶字，並無其他雷同或容易混淆的產品，而且**內飛大多埋在茶餅中央**，一眼就可認出舊式壓模所製造的傳統工藝，大抵上辨識不難。

根據《雲南省茶業進出口公司志》的記載：雲南「省茶司」的前身「雲南中國茶業貿易股份有限公司」係於1938年12月16日，在國民政府經濟部所屬「中國茶業公司」與雲南全省經濟委員會合資創建，並於1939年在臨滄成立順寧茶廠（鳳慶茶廠前身）、1940年成立佛海實驗茶廠（勐海茶廠前身），可惜建廠不久就遇上抗日戰爭而停產，至1944年雖一度復業旋即又停業，當時即便有少數緊壓茶也是向私商所收購，茶廠本身當時僅短暫恢復生產紅茶罷了。直至1952年才再度復業，

印級圓茶內飛只有八中標誌（上），七子級茶內飛則多了「西雙版納傣族自治州勐海茶廠出品」字樣（下）。

第二章 印級與七子級藏茶與辨識

再比照「中茶牌」商標註冊的時間1951年12月，可以確認紅印最早的年份至少應在1952年才是。

不過，也有學者以佛海茶廠曾在1941年產製七子餅圓茶462擔銷往泰國為例，推論當時生產的七子餅茶就是最早的紅印，且係「承襲」了古茶作法的「無紙」方式，而認為無紙紅印應早於有紙紅印，且年代應在1940年代初期。

事實上，無紙紅印或無紙綠印的由來，係因1950年代末期如火如荼的「大躍進」使得紙張嚴重短缺，造成當時茶品均面臨無紙可包的窘境，一直到1960年代中期為止，圓茶都沒有外包茶票紙，其中來自勐臘

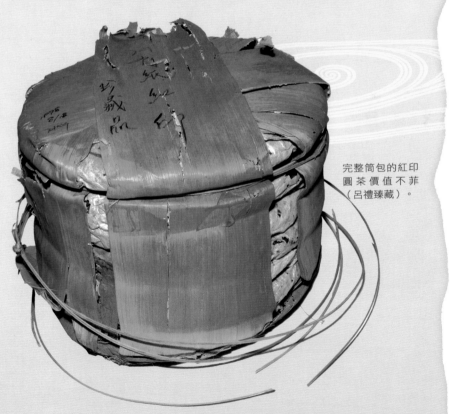

完整筒包的紅印圓茶價值不菲（呂禮臻藏）。

紅印圓茶的條索飽滿、顏色栗紅，內飛完全埋在茶餅中央（老吉子藏）。

縣的茶原料，由於茶性及品味均與紅印相似而稱「無紙紅印」，其他的都只能稱「無紙綠印」了。

除了頂著「中共建國第一餅」的光環，紅印的原料也是選用勐臘縣包括易武在內最優值的單一茶菁，特色為「茶菁肥碩、條索飽滿，顏色栗紅、茶面油光」：沖泡後茶湯呈透亮的栗紅色，且明顯輝映出均勻的油光；喝起來茶氣強勁、厚重感十足，帶著濃郁的梅樟香味，入口飽滿醇厚，具有勁道十足的韻味；再加上葉底透紅柔軟，使得現代茶人趨之若鶩。

紅印圓茶儘管老韻尚遜「號」級古董茶一籌，但近年急速攀升的人氣指數卻始終高居第一，價格甚至有超越部分號級茶的趨勢。

紅印的茶湯呈透亮的栗紅色，葉底則透紅柔軟。

都是藍墨惹的禍——
又稱藍印的綠印圓茶

「綠印圓茶」則是紅印的姊妹產品，分為早期
（1950年代）與後期（1960年代末）兩種。至於有
人稱綠印為「藍印」，是因為除了八中標誌中間的綠
色「茶」字外，早期綠印圓茶更在中茶標誌的下方，
印有綠色的「甲級」或「乙級」
兩字，這樣的「階級劃
分」顯然犯了當時
大忌，也使得乙
級綠印乏人問
津，價格也大
受影響。因
此，廠方再
用藍色墨印
將甲級、乙
級兩字塗蓋，
可說是「欲蓋彌
彰」了。

只是人算不如天
算，藍色墨水經過數十年後
多已褪色，甲級乙級今天又重現世人眼
前，因此早期綠印又可分為「甲級藍印」與「乙級藍
印」兩種，也就是說，「藍印」指的其實是下面做為
掩蓋的藍色墨水，令人不禁啞然失笑。

另一個說法是，原本茶廠有意將綠印依茶菁的

藍色印墨褪去後
露出甲級字樣的
早期綠印又稱甲
級藍印（老吉子
藏）。

50年代末期至60年代中期產製的大字綠印（老吉子藏）。

優劣分為甲、乙兩級，不過後來所收購的茶菁都十分優異，無須再分為甲、乙兩級，但外包茶票紙早已印好，在當時紙張成本高昂的考量下不便重印，只得將就以藍墨遮掩了。

因此甲、乙級的綠印圓茶在品質上並無差異，只是在順序上，應是甲級紙張用完後再使用乙級紙張，今日市面所見到的甲級綠印外觀才會比乙級略顯陳舊吧？事實上，二者無論在陳香、樟香、滋味、茶氣等方面均屬上乘，價值應在伯仲之間。

儘管同為勐海茶廠的優質茶品，但**早期綠印的原料大多來自勐海、南糯山等地的大葉種老樹茶園**，至60年代後，老茶園逐漸為灌木新樹為主的新茶園所取代，因此**60年代的後期綠印部分就採用新樹茶菁**

製造，一般多稱為「綠印尾」，而前述的無紙綠印則被稱為「綠印頭」。

坊間對1952年的無紙綠印且有「紅蓮圓茶」的別稱，認為原料應來自易武正山三～五級較嫩的茶菁，陳化至今喉韻也最為甘潤，是「綠印頭」中最好的茶品。

無紙綠印的產製約在50年代末期至60年代中期。

此外，1950年代末期至1960年代的後期綠印，坊間一般又分為大字綠印與小字綠印兩種：由於大字綠印生產期間前後共十多年，茶菁的來源及製茶的品質都不盡相同，但整體而言仍是值得收藏的茶品；至於以美術字體印刷、外包茶票紙完全不同於其他綠印圓茶的「小字綠印」，從外觀來看，頗似下關茶廠的產品，但內飛卻又不折不扣來自勐海茶廠，且茶性又與來自臨滄鳳慶的福祿貢茶相似，因此讓許多鑽研「考古」的茶人或學者傷透了腦筋。

甲級藍印的茶湯及葉底表現均不遜於紅印。

國營茶廠拼配茶始祖──黃印圓茶

以兩種以上不同茶菁拼配而成的「拼配茶」，早在清末民初就已大行其道，當時茶商為求茶品更具「賣相」而製作的拼配茶，一律稱做「改造茶」。

相對於紅印與綠印圓茶均採自優質的單一茶菁，**同屬勐海茶廠在1950年代末期製作的「黃印」圓茶，卻是國營茶廠拼配茶的「始祖」，也是後來「七子級茶」的前身。**

經過配方拼堆的黃印圓茶，主要用中壯茶葉摻雜嫩芽、毫頭多，由於摻芽的毫頭經陳化後大多會轉為金黃色，因此八中標誌中間的茶字才特別以黃色代表。甚至由於在製作過程中產生了發酵效果，而普遍被認為是「二分熟」的茶品，儘管在陳放50年以後的今天，沖泡後的茶氣依然強烈、喉韻甘潤，但水性則柔和偏熟。

50年代末產製的黃印圓茶是國營茶廠拼配茶的始祖（大友普洱茶博物館藏）。

第二章 印級與七子級藏茶與辨識

鐵餅始祖───紅印鐵餅與圓茶鐵餅

　　大理白族自治州的「下關茶廠」曾於50年代產製
一批鐵餅，外包茶票紙與紅印圓茶完全相同，因此市
面上多以「紅印鐵餅」稱之，其實並非當時勐海茶廠
的圓茶，與真正的紅印也無任何的「血緣」關係。

　　提到鐵餅，許多人會立刻想到奧運「鐵人三項」
之一的鐵餅（此外為鉛球與標槍），其實是因為整片
茶餅有如鐵一般堅硬結實的緣故。

　　鐵餅外觀與圓茶大致相同，製作的不同處在於壓
磨機具：不同於之前以石磨壓造的圓茶，鐵餅不再使
用布袋包裹而是以全金屬的改良壓模，即平底的「鐵
餅磨」來壓製茶葉，因此茶面異常緊結，並且餅緣與
餅身呈直角相切，銳利的「車輪」狀明
顯不同於一般圓茶的優雅弧狀。且由於
少了布包，茶餅背面就不會出現一般圓
茶的布球孔。

與紅印圓茶包裝完全相同的紅印
鐵餅，至今身世依然成謎。

　　1950年代中期，下關茶廠為了配
合新式壓模啟用，特別從勐海茶廠調來
一批茶菁，正式壓製了第一批「圓茶鐵
餅」，外包茶票紙就與印級圓茶全然迥
異了：無論上方的「中國茶葉公司雲南
省公司」、下方的「中茶牌圓茶」字
樣，都從原來的特明體改成了**美術字**，
八中商標內的「茶」字則為**綠色**，非常
容易辨識。

鐵餅圓茶外包茶票紙內容全採美
術字體（翁明川藏）。

　　由於鐵餅本身堅硬無比，緊壓度

較高，不僅在沖泡時難以剝開，陳化的速度也比一般圓茶緩慢得多，因此50年代圓茶鐵餅出品後並不受歡迎，下關茶廠還因此一度停止了鐵餅的產製。不過由於採用西雙版納易武六大茶山等地的優質茶菁，據說原料並不遜於紅印圓茶，因此在**陳化50年後的今天終於「鹹魚翻生」，被譽為青樟香普洱茶品的代表，甚至還有「小紅印」的別號**，歲月的累積對普洱茶的重要性可想而知。

1950年代散茶——印級散茶與萬字散茶

有人說紅印係由范和鈞廠長於1942年首度生產，其實並不正確，因為打開勐海茶廠史，當時茶廠受抗日戰爭所累而並未製茶，至1944年雖一度復業旋即又停業。

目前在市場上極為搶手約50～60年陳期的生散茶，由於從湯色、入口喉韻以及強勁的茶氣來看，都與紅印圓茶極為相似，因此也有茶人大膽推論應為1940年代末期至1950年代之間，即抗日戰爭期間烽火餘生的散茶，故被稱之為「印級散茶」。

在過去，最嫩的一、二級茶菁通常不會蒸壓成餅，而直接做為宮廷普洱散茶，**印級散茶應為當時所摘採的細嫩茶菁**。金色黃芽的比率甚高，尤其純乾倉所

年份約1950年代左右、純乾倉的印級散茶（東霖茶業藏）。

萬字散茶湯色老穩、茶氣強勁。

留下的茶品，喝起來純淨無雜氣，強勁的茶氣更不遜於印級圓茶，入口有飽滿的藥韻梅樟香，水甜順滑、湯色紅潤透亮，葉底則柔軟帶紅。

目前市面尚存的1950年代老散茶，有「字」可循的就以「萬」字散茶與「東」字號散茶最為著名。**所謂「萬」字就是香港「萬記茶莊」珍藏的1953年散茶，台灣茶商則多以「荒山茶」稱之。**話說清末至民初，香港較有規模的茶商有十餘家，包括金山茶樓、龍鳳茶樓、雙喜茶樓、萬字茶莊、廖福茶記等。在1997年大量釋出號級與印級圓茶的同時，還包括五個完整原包裝的「萬」字老茶袋，其中有兩件輾轉留入台灣大友普洱茶博物館收藏至今，稱為「萬字散茶」。經過近60年的存放，沖泡後湯色老穩、入口滑順、茶氣強勁、飽口，並且散發出獨有的飽滿老藥香、陳味厚重、香氣醇厚，是老散茶中難得的好茶。

完整30公斤裝的萬字1953年老散茶（大友普洱茶博物館藏）。

辨識印級茶與七子級茶在外觀上明顯的差異：

印級圓茶（左）與七子級餅茶（中）上下文字明顯不同，而下關七子餅茶（右）字體明顯較大，且八中標誌下方多了中茶牌字樣。

4.七子級餅茶與茶磚、沱茶、散茶（1970～1995）

印級圓茶從1970年正式劃下句點，全面進入七子級餅茶的時代，這是因為雲南茶葉公司所屬的各茶廠，包括勐海茶廠在內，原本從1952年3月1日起生產「中茶牌」圓茶，所使用的中茶公司商標，授權年限只到1972年2月28日為止，因此邁入1970年代後，雲南茶葉進出口公司正式改「圓」為「餅」，外包茶票紙也從印級茶下方的「中茶牌圓茶」改為上方的「雲南七子餅茶」，下方的「中國茶葉公司雲南省公司」則改置上方為「中國土產畜產進出口公司雲南茶葉分公司」，**且所有文字均從原本的「由右至左」改為世界潮流的「由左至右」書寫。**這也是辨別「印級茶」與「七子級茶」的最大特徵。

　　至於同期下關茶廠的七子餅茶，除了圍繞的上

下文字體明顯較大外，八中標誌下方還多了個「中茶牌」字樣，「雲南茶葉分公司」也變成了「雲南省茶葉公司」。

必須注意的是：1970年代產製的普洱茶，無論茶商如何追加大黃印、小黃印或大藍印等封號，都不能歸為「印」字級圓茶，而是外包紙上方清楚標示的「七子餅茶」；「黃印七子餅」也絕對不等於「黃印圓茶」。而且**比起印級茶，七子餅茶也多了內票以資識別**。

只是內票文字提到的「適度發酵」字句，至今爭議仍多，一般多認為適度發酵指的就是「曬青」過程，不必過多聯想。但卻也有少數學者質疑，除了渥堆完全的熟茶外，適度發酵是否也意味著，今天吾人所認定為生茶的七子級青餅，在當時也多少經過輕微的人工發酵工序？二者只是時間多寡或輕重的分別罷了。

七子餅茶比起印級茶多了內票以資識別，但「適度發酵」內容卻頗多爭議。

七子級茶大多以四碼編號來區分，而勐海茶廠

無論茶商如何追加大黃印（左）、小黃印（中）或大藍印（右）等封號，都不是印級茶，而是上方清楚標示的「七子餅茶」。

1960～70年代曾有少量茶品以木箱裝12筒七子餅茶（祥興名茶提供）。

常規性的七子餅茶，就以8582、7542、7532三者為主，其中僅編號7542的茶品就超過百種以上，因此某些茶餅也會有茶商另外加上新的命名，例如：有7532號稱「雪印青餅」；7542有「七三青餅」也有「八八青餅」；8582與8592又因外包茶票紙的質材而有厚紙、薄紙之分。

所謂「數字會說話」，要認識七子級餅茶，首

第二章
印級與七子級藏茶與辨識

七子餅茶竹編的大簍內裝12筒七子餅茶稱為一支或一件，前方均有支票註明嘜號。

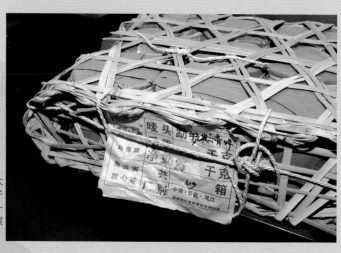

先得搞懂編號數字所代表的意義。四碼編號的來源，係由1976年雲南省茶葉公司召開「全省普洱茶生產會議」所產生：以8582為例，前兩個數字代表從1985年開始生產此一批號或配方，而非代表該年所生產；第三個數字代表茶菁的級數，通常茶菁從最細的芽尖至最粗的大葉分為1～10級，8即為第八級的茶菁，級數的高低並不等於品質的好壞，只是粗細的分等罷了；第四個數字則代表茶廠，如**最末數字為2即為勐海茶廠，末數3代表下關茶廠，末數1則代表昆明茶廠。**

以上說法，僅有末位數字所代表的意義沒有爭論，例如同樣是茶磚，7562茶磚就必然出自勐海茶廠，7581茶磚則出自昆明茶廠等。至於前兩個數字則至今仍有爭議，例如有人說7542應始於1980年而非文革末期的1975年。而第三個代表茶菁級數的數字，也因後來同一款茶通常會採用兩種以上、不同級數的茶菁拼配，而逐漸破功。

在1985年以後，茶品的編號意義逐漸改變，通常只能代表商品貨號，數字已經不涉及任何特殊意義。尤其同一個編號在不同時期會出現不同版本，例如：7572就至少有六種版本；7542僅七三青餅就分為印刷茶字、蓋印茶字、薄內飛、紙質略薄等四種。也因此收藏七子級茶品，辨識難度更超過印級老茶。

早期8582支票以大陸通行的「市斤」計算重量。

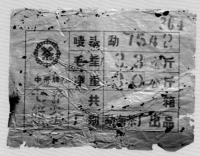

為與國際接軌改採公制的7542，直接從舊有支票貼上「公」字將「市」字掩蓋。

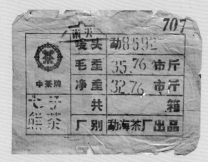

8592支票以紅色「公」字印章加蓋在綠色印刷的「市」字上。

此外應該瞭解的是：1970～80年代雲南各國營茶廠各有不同的生產主體，如勐海茶廠主要以茶餅為大宗，下關茶廠為沱茶，昆明茶廠為茶磚、臨滄茶廠則主要為紅茶等。

再者，**勐海茶廠產製的7542、7572、8582等編號，並不直接出現在茶餅外包茶票紙上，而是貼在整支（即12筒）竹編的「支票」上，俗稱「嘜號」。**

中台灣著名的「祥興名茶」主人陳漢民則取出他收藏的老木箱補充說，1960～70年代也曾有少量茶品以木箱裝12筒茶，與原本竹籃的一支或一件相同。

從嘜號的重量標示也可分辨茶品出廠年份的先後。今天所看到的「毛重34公斤、淨重30公斤」，係以單餅357公克共84片計算而成，近年則更為詳細，支票上全面改為「毛重36千克、淨重33.6千克」。其實，早年出廠的茶品均以「市斤」計算，後來為了與國際接軌才改採公制，並直接從舊有支票貼上「公」字將「市」字掩蓋，不使浪費紙張。例如：早期8582支票上即可明顯發現「毛重66市斤、淨重60市斤」的字樣；7542的支票則貼上「公」字而成了「毛重30公斤」；另外，也有以紅色印章蓋上的「公」字，如附圖的8592支票。

7582、8582與大葉青餅

　　勐海茶廠所產製的七子級餅茶，從70年代開始至今，儘管推出的茶品甚多，產品編號也多得令人眼花撩亂，但「常規性」產品始終以嘜號8582、7542、7532三者為主：以8582與其他兩款常規性青餅7542、7532比較，8582的餅面較大，放在手上的感覺也比較厚實，底茶更有較粗甚至較大的茶葉，可作為辨識的依據。

　　早在1975年，勐海茶廠就已開始生產7582青餅，直到1985年，香港南天貿易公司向勐海茶廠訂製七子餅茶，嘜號才改稱為8582。也有資深茶人認為是香港人普遍喜愛數字8（廣東話發音為『發』），南天公司才改嘜號為8582。從此8582的

70年代中期產製的7582青餅是8582的前身（祥興名茶藏）。

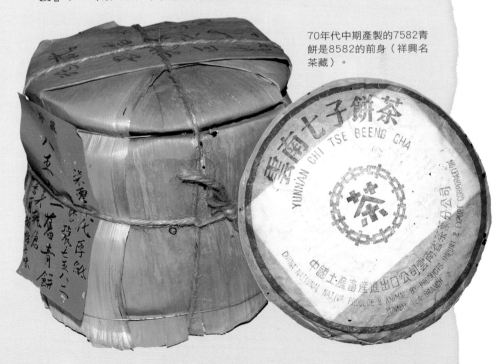

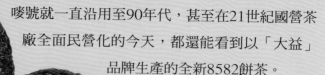

嘜號就一直沿用至90年代，甚至在21世紀國營茶廠全面民營化的今天，都還能看到以「大益」品牌生產的全新8582餅茶。

從嘜號來看，8582應為8級的茶菁，但實際卻使用3、4級幼嫩芽葉鋪面，再以7、8級較粗葉毛茶為底茶，後期更出現拼配5、6級青壯茶菁的情事。**大致來說，8582增加了粗大原料與茶餅的疏鬆透氣性，有利於加速茶餅的自然陳化發酵，因此有人說，在勐海茶廠的三大常規性產品之中，今天就以8582青餅的轉化最佳。**

8582青餅本為勐海茶廠於1975年左右產製的7582青餅（祥興名茶藏）。

就CP值而言，1990年代（右）陳化至今的8582茶湯及葉底表現並不遜於1980年代的8582（左）。

但是8582餅茶的誕生卻另有許多不為人知的故事。陳漢民就認為，當年國營勐海茶廠必須兼顧「幫政府照顧茶農」的任務，茶菁無論好壞都得收購，因此1970年代收了不少野生或荒山茶，為了處理該批茶菁而拼配了7582，出廠價當時甚至低於7532，但多年轉化後市價卻遠高於其他茶品。

就轉化的韻味而言，三個常規性青餅也以8582最有「印」味，理由是茶氣強、活性高，帶點樟香與梅子氣，樟香與印級茶尤其接近。就CP值（相對價值）而言，市場人士也多一致認為1980年代與1990

南天公司於1985年後正式引進的前期8582貼有綠色「中國商檢」標籤,而在台灣被稱為商檢茶(老吉子藏)。

年代的8582最高。

陳漢民當場取出他珍藏的1970年代7582與我分享,逐一從茶湯、葉底仔細解析,含在口腔的飽滿度明顯,即便沖泡多次,茶湯色澤依然偏紅透亮,湯水甘甜且香氣度高,陳期當在30年以上無疑。

其實早在8582甚至7582尚未問世以前的1970年代初期,勐海茶廠就已**採用類似的荒山茶或野生茶拼配出大葉青餅**,也是野生喬木大葉種的代表,不少茶人給予很高的評價,甚至表示口感幾可直追藍印,只是當時尚未正式編號,今天則成了市面上流通的**「勐海大葉青餅」**,由於與早期8582十分相似,也容易造成消費者的混淆。

由於1985年起勐海茶廠才獲准私自接單,8582七子餅茶在南天公司訂製後必須通過質量檢驗,因此在筒包上貼有綠色橢圓形「中國商檢」貼紙標籤、英文「CIB」字樣,並於1986年正式進入香港。這批的

8582（1980年代中期至後期）在台灣也一度被稱為
「商檢茶」。

　　此外，8582在包裝上有厚草紙、厚棉紙、薄棉
紙與薄網格紋紙之分，不同包裝紙代表不同的年代，
其中薄手工紙與薄網格紋紙的小口中外包紙，多半為
較後期約1990年初的產品。

　　辨識勐海大葉青餅與商檢8582青餅，兩者最大
不同處在於包裝、質量、年份、喉韻等：年份較老
之大葉青餅包裝紙感較有油蠟，商檢8582青餅的外
包茶票紙感覺較為綿細無油質；就品飲口感而言，
1980年代以前產製的大葉青餅，今天已能充分感受
樟香轉梅香的口感與老韻，商檢8582青餅的樟香則
較為明顯，且茶性較為活潑。

　　此外市面上還有一款**厚紙包裝的8582**，由於餅
身略厚而膨鬆，俗稱「鬆餅」，應為1980年代後期至
1990年代初期的產品。由於餅形特別膨鬆使得轉化情
形甚佳，陳韻及樟香味十分明顯，茶湯也堪稱甘甜滑
口。

產製時期早於8582
青餅的勐海大葉青
餅（茗心坊藏）。

七三青餅其實
是1973～75
年間產製的
7542，明顯
可見手工蓋印
的茶字（祥興
名茶藏）。

7542與七三青餅、八八青餅

　　市面上炙手可熱的「七三青餅」，其實就是
1973～75年間產製的勐海茶廠嘜號7542餅茶，係台
灣「鈺壺軒」主人五股黃，為了讓消費者容易辨識而
命名。

　　一般來說，七子餅茶外包紙八中標誌內，綠色
的的「茶」字大多係以網版做第二次印刷，只有該批
7542使用手工蓋印，因此陳漢民特別首創「手工
蓋印」一詞，作為辨識或鑑定
七三青餅的最大特徵；另
一項辨識特徵則在內飛，
因為當時僅有七三青餅
與小黃印的**內飛「茶」字
為「扁粗」字體**，其他多為

七三青餅於陳
化30年後，
無論葉面或茶
湯均已轉化為
紅潤飽滿。

八八青餅其實就是1988年勐海茶廠編號7542七子餅茶（祥興名茶藏）。

「平粗」；又由於外包紙為「大口中」，因此也有人稱為「大口中小綠印」。

恰好在文化大革命末期產製的七三青餅，整筒外包沿襲過去的竹筍外殼，並以鐵絲捆綁。之所以受到矚目，當然不在於包裝上的手工蓋印，而是至今約30年以上的陳期表現，無論葉面或茶湯均已轉化為紅潤飽滿，且沖泡後的茶葉富有彈性與活力，口感濃稠且柔滑厚重，因此深受茶人喜愛。

前面已說過，所有茶品的「美麗命名」，其實都來自後來茶商的

7542青餅1970年代（上）、1980年代（中）、1990年代（下）茶湯與葉底比較。

第二章
印級與七子級藏茶與辨識

「加封」，其中最有趣的例子是市場俗稱的**「八八青餅」**，本係香港茶藝樂園館主陳國義為紀念1988年的開業，而為當年勐海茶廠編號7542青餅所取的名稱，因為「八」字在粵語發音中為發財的「發」，象徵發財之意，就如同大家都喜歡的88車牌一樣。不過，近年茶商則擴大解釋將**1989年至1993年所有的7542勐海青餅都統稱為八八青餅，並普遍譽為七子級餅茶的「明日之星」**。也有茶商將1998年出品的

7432稱為「九八青餅」，算是較為誠實的作法。

目前市面上流通的七子餅茶，也以編號7542的數量最多，生產壽命最長，延續至今幾乎每年都有生產，堪稱歷久不衰，但口味品質都不盡相同。不過早年出品且存放得當的茶品如今都已大肆翻紅，例如1980至1990年代末期7542青餅就深受喜愛，價格扶搖直上。

7542青餅熱潮歷久不衰，1980年代末期產品至今已炙手可熱（東霖茶業藏）。

勐海茶廠1990年代末期嘜號7542七子餅茶（陶作坊不二堂藏）。

雪印青餅就是嘜號7532青餅的其中一批，七片以紙筒外包（大友普洱茶博物館藏）。

7532與雪印青餅

　　市面上流通的嘜號7532青餅，是勐海茶廠所產製的七子餅茶中，最為細嫩的茶品，儘管第三個數字為「3」，代表採用第三級的茶菁，實際上卻是以3～6級原料混拼，茶面與底茶一致。其產量比起8582、7542青餅要算是少多了，但卻深受茶人喜愛。

　　其中產製時期在1980年代以前的某批7532就被稱做「雪印青餅」，彷彿日本某大奶粉品牌的命名，據說也來自鈺壺軒五股黃的「奇想」。**特徵在於外包茶票紙是小口中厚棉紙，紙內的內票較小，「茶」字**

粉綠色接近水藍色手工蓋印，內飛則細字尖出，紙筒包則使用牛皮紙，因此辨識還算容易。不過雪印青餅並非7532七子餅茶生產的第一批，只能說是早期生產的某一批罷了。

　　進入1980年代以後，7532又改成了大內票以及竹箬筒包。而且真正的雪印青餅目前已經很少見，市面所見許多均為一般竹箬筒包的7532青餅。至於有茶商在1990年代以後詩興大發，將一款225公克的7532青餅命名為「御賞餅」，也就不足為奇了。

80年代的7532七子餅茶已改為竹箬筒包（茗心坊藏）。

1970年代以後改為牛皮紙包的下關青餅（老吉子藏）。

下關青餅與昆明七子鐵餅

1980年代下關茶廠產製的茶餅，大多係以平底鐵磨壓製而十分緊結，且餅背也沒有一般茶餅的布球孔，市場上一律稱為「中茶牌鐵餅」或下關鐵餅。此外，下關茶廠在1970年代初期產製的七子餅茶，由於外包茶票紙皆為簡體字，因此俗稱為「簡體中茶」。

下關茶廠出品的中茶牌鐵餅**全為生普青餅**，而**無任何熟餅或「生熟配」**，所以又統稱為**「下關青餅」**，且竹筍葉七片筒裝也改以牛皮紙包，自1970年代至1980年代初期所用牛皮紙材質及印刷也無太大變化，只是1980年代中期以後紙質較為粗糙罷了。

至於以產製茶磚為主要任務的昆明茶廠，在1960年代末期才開始正式壓製七子餅茶，因而七子鐵餅則是昆明茶廠最早加工的首批圓茶，同樣使用金屬模具，而非早年圓茶的石模壓製。

七子鐵餅是昆明茶廠最早加工的首批圓茶（鐘永和藏）。

早年的下關茶廠（左）與昆明茶廠（右）。

廣東製造的雲南普洱──廣雲貢餅

介於1960～70年代之間，剛好在印級茶與七子級茶斷代的分水嶺上，有一款原料來自雲南大葉種，但製作卻出自廣東的普洱圓茶，那就是饒富傳奇色彩的「廣雲貢餅」。

話說1973年以前，雲南省每年都會調發予「廣東口岸茶葉公司」曬青毛茶千擔，其中大部分以散茶的形式銷往香港、澳門及東南亞，而較好的部分毛茶則留在廣東，由「廣東省茶業進出口公司」自行壓製成餅。由於是「雲南茶菁，廣東製作」的茶品，因此台港兩地茶人就稱其為「廣雲貢餅」，至於「貢」字，在帝王時代早已結束、無須再以貢茶孝敬朝廷的今天，則未免顯得有些封建甚至離譜了。

廣東具有產製優質普洱茶的能力嗎？從熟茶也就是普洱茶渥堆工藝，本來就是1973年左右，由昆明茶廠派員赴廣東學習的歷史發展來看，答案當然是肯定的。

目前流通於市面的廣雲貢餅，**依出廠年份可大別為1960年代與1970年代兩種，二者原料均為新茶園灌木茶種**：但前者餅面較大為350公克，所含雲南大葉種原料較純，野樟香味較濃、口感豐富，湯色也紅豔明亮；後者較小為329公克，茶菁原料中的大葉種比例較低，因此口感稍薄。

但兩者陳化至今均有不錯的表現，兼具普洱老茶的清香與雲南原生的茶味。在包裝上，廣雲貢餅也不同於當年雲南普遍以竹籜包茶的形式，**七子筒包多為**

第二章
印級與七子級藏茶與辨識

土黃色厚紙包裝，並且單餅均無外包茶票紙，「八中標誌」的內飛規格也較小。

廣雲貢餅分為1960年代較大（350公克／上）與1970年代較小（329公克／下）兩種（茗心坊藏）。

文革磚與七三茶磚

1967～1973年間由勐海茶廠革命委員會具名生產的茶磚才是真正的文革磚（鄧時海藏）。

茶磚的出現，一般多認為最早應來自1925年由周文卿創立的「可以興」茶莊，不過當時所生產的並非今日常見的250公克（六兩半）標準茶磚，而是10兩重的生茶大茶磚，也與1970年代以後熟茶為主流的茶磚不同。

目前在市面上最具知名度的茶磚應為文革磚：話說文化大革命始於1967年，至1977年結束。長達10年由「革命委員會」出品的文革磚，歷經前後始末不同的動亂紛擾，因而出現許多版本。有人說包裝與識別就有近百種，包括前期、中期與後期，同期磚中更有棗香、蔘香、荷香、沈香等區分。

所謂「棗香厚磚」，顧名思義具有濃郁的棗香味，由於軟水順喉、不苦不澀而成了半生熟茶磚中最具代表的茶品，不過目前存量並不多。

不過，資深茶人鄧時海卻認為中茶公司直到1967年才開始生產茶磚，利用緊茶的原料壓製成磚，因此文革磚應該是中共建國後第一批茶磚，且在**1967～1973年間，由「勐海茶廠革命委員會」具名**

生產的茶磚，才可以稱作真正的「文革磚」生茶：茶菁採勐海大葉種灌木茶樹，茶面呈栗紅色，而茶湯則為栗色，水性沙滑。

目前市面上還有一款4片包裝的文革熟茶磚，係1973～75年的文革末期，由雲南省農工商實業公司所產製，坊間稱為農工商文革磚。

至於下關茶廠的500公克文革磚（生茶），應是後來仿製的，因為1970年代下關茶廠並未出產茶磚，專家推論應為1985年後至1990年代仿製。

目前坊間尚有文革結束前後，1975或76年間所產製的厚熟磚，重250公克，辨識方法則在外包紙上的水滴雲、

文革末期由雲南省農工商實業公司所產製的4片包裝熟茶磚（鄧時海藏）。

磚有勾等，一般多以「73茶磚」稱之；至於1980年代所產製「水滴雲、磚無勾」的反而被稱做為文革磚。

1985年流通至今的500公克仿製文革厚磚（茶藏藏）。

昆明茶廠出品的編號7581熟茶磚，則是最具代表性的普洱熟茶，由於生產年代長久，包裝與品項高達數十種，包括蠟面紙、土黃色紙、白色紙、黃色紙等，**而其中的500公克厚茶磚則是媲美可以興老磚的珍藏品。**

我曾在「茶藏」見過另一款1985年產製的勐海文革磚。主人黃繼漢坦承1985年文革早已結束，重達500公克的文革青磚應是後來的仿品，明顯有別於真品文革磚的250公克，不過至今也有22年陳期了：

1975～76年間所產製的水滴雲、磚有勾厚熟磚稱為73茶磚（上），1980年代的水滴雲、磚無勾（下）反而被稱做為文革磚。

觀看茶面應屬細嫩芽葉原料，壓製緊結密實的青磚，陳化當然不及同樣20年的青餅，試泡後呈現桂圓香，葉底則綠中帶黃，醇厚的口感與風韻並不亞於早期的文革磚，顯然是22年悠悠歲月加持的成果了。

7562茶磚

勐海茶廠在文化大革命末期產製的7562茶磚，由於罕見地在外包茶票紙背面，以藍色墨水印上7562的嘜號，在所有茶磚中獨樹一格而名氣響亮。

儘管與文化革命初期的「文革磚」恰好前後呼應，但1975年所生產的7562卻不同於文革磚的生茶，而改以「二分熟」的姿態問世：從7562第三個數字6來看，採用的應該是第六級茶菁，實際上卻使用了第二級較幼嫩的茶菁做為原料，因此，不同於一般茶磚的較粗級茶菁。

7562茶磚在1980年代以後一度改回生茶製作，且背面的7562印字也改成了紅色，從外觀看來應使用三～五級茶菁、條索均勻，聞之純淨無雜氣，應屬乾倉陳放，至今已有不錯的陳化表現：湯色鮮濃亮麗而通透，滋味也明顯變得較為活潑，且口感醇厚滑順，茶氣強勁並帶有樟香。

7562在1990年代後再改回熟茶，即便在勐海茶廠改制民營後的今天，仍有「大益7562」推出，且背面一樣有茶磚獨一無二的嘜號紅色印字，可見其受歡迎的程度了。

1980年代的7562改為生茶磚，但背面一樣有嘜號印字（東霖茶業藏）。

四喜方茶與九二方茶

　　方茶是壓製成正方形的茶磚，清朝時民間多稱普洱貢茶。

　　過去常見的方茶多為國營大廠所製，以3～5級稍低於雲南沱茶品質的滇青為原料，特色為白毫顯露，且香味濃厚甘和。現今坊間所見大約可以分成100公克、125公克、250公克、500公克四種規格。

　　方茶的蒸壓工序與茶磚幾乎完全相同，只是緊壓時必然會在模具加上商標或文字，正面大多壓製

壓製有福祿壽禧
四字的方茶又稱
四喜方茶。

有「八中茶」凸形圖樣，背面則有「井字格」，壓製「普洱方茶」或「福祿壽禧」等不同的字樣，其中以印製「福祿壽禧」的方茶為最多，又稱「四喜方茶」。

　　勐海茶廠在1970年代末期即開始生產普洱方茶至今，包括100公克與150公克兩種，主要以生茶為主，正面壓印「普洱方茶」，後面為填滿的「八中茶」商標，部分則有俗稱巧克力磚的九方格。**目前較著名的是1992年所產製的「九二方茶」（100公克方磚）**，由於緊壓文字或圖案，使得方茶與鐵餅一樣十分緊結紮實，需要更長的時間轉化，因此表現略苦微澀，湯色則微紅偏黃，不過茶性卻明顯活潑有勁，假以時日必大有可為。

九二方茶包裝誤印的「淨重100公分」成了最重要的辨識標記（翰林集團藏）。

　　有趣的是，當年九二方茶出廠時，紙盒包裝不慎印成了「淨重100公『分』」，事後才以貼紙將「公分」改為「公克」，反而成了辨識該批茶品最重要的標記了。可惜今天市面上出現的仿冒品也紛紛跟進，故意將「克」印成「分」，企圖以假亂真，令人哭笑不得。

九二方茶的茶性明顯活潑有勁，假以時日必大有可為。

下關茶廠於1985年推出的大沱標示為雲南緊茶，市場稱為大字綠印沱茶（東霖茶業藏）。

大字綠印青沱與重慶沱茶

　　沱茶據說最早是由景谷縣的「姑娘團餅茶」演變而來，所以又稱「谷茶」。在當時係經由下關茶商製作後，經昆明、昭通銷往四川、瀘州、宜賓、重慶等地。為了在沱江與長江匯合處的宜賓促銷，茶商以「沱江水、下關茶，香高味醇品質佳」的順口溜廣為流傳，因此有了「沱茶」的名稱。且自從演變改良為碗臼狀的沱茶後，就一直在大理下關產製，當時著名的茶號包括茂恆、永昌祥等。1950年代以後政局變遷，沱茶也大多集中在國營的下關茶廠製造，因此又

稱為**下關沱茶**。

也有學者質疑，認為沱茶製作時並不需要像圓茶一樣留有布球孔，為何內面硬要凹成坨狀？有人乃大膽推論，認為清末民初從泰緬邊境輸入雲南的毒品，有部分就藏在沱茶的凹孔內運送，在沱江流域留下沱茶後，再將毒品以水運沿長江轉運至上海等城市。不過此說目前尚無足夠證據確認，因此信不信也就由你了。

早期沱茶的規格重量以100公克與250公克為主；儘管1962年下關茶廠曾一度改為125公克規格，**但1968年後又為了配合茶廠定量供應，重新改回100公克**，標準規格為外徑8公分、高4.5公分。至今市面上出現的沱茶無論新、舊，也大多為此規格；另外，**250公克的沱茶則一律統稱為「大沱」**，標準外徑約為10公分。

1985年下關茶廠所推出的大沱，以5枚竹筍殼包，但單沱的紋格紙包裝卻標示為「雲南緊茶」，由於包裝上的綠色「茶」字係以印章蓋上，與茶人趨之若鶩的「綠印圓茶」頗有相似之處，因此市場上普遍稱之為**「大字綠印沱茶」或「野生青沱」**，備受愛茶人的青睞，只可惜目前市面上數量已不多了。

既然沱茶的名稱源於四川，當然**四川重慶也少不了有沱茶的產製**。根據《茶譜》的記載，重慶所產茶葉遠在西元935年就已列為貢品，直到清末才逐漸沒落，然而沱茶卻依舊是重慶與成都蓬勃發展的茶館不可或缺的茶品，主要來自下關。1953年以後，下關

大字綠印沱茶的湯色與葉底表現。

沱茶已供不應求，重慶才開始以引種自雲南的四川大葉種茶為原料，自行生產沱茶，並以生沱茶為主，再依茶菁原料的等級分為**特級重慶沱茶、重慶沱茶與山城沱茶**，規格除了標準的100公克外，還有50公克與250公克三種。

不過，市面可見的早期重慶沱茶中，茶氣與茶韻最好的卻是1970年代，由重慶茶葉土產進出口公司出品的100公克「**重慶烏龍沱茶**」。

據「祥興名茶」主人陳漢民告知， 1997年香港茶樓大量釋出陳年老茶時，由於「重慶烏龍」四字而不被看好。直至近年才因為香氣馥郁的茶品特質，沖泡後滋味特別醇厚，以及厚重的喉韻回甘等表現，較深受茶人的讚賞，頓時身價暴漲。

細細品鑑重慶烏龍沱茶，以沸水沖泡後的第一泡，會帶有些微的台灣烏龍老茶陳香，不知烏龍之名是否由此而來，或當初製作時確有摻雜青茶（部分發酵茶）成分？但第二泡後即明顯呈現兩極，完全顯現普洱陳茶該有的熟香與風韻，豐潤滑順的棗紅色茶湯

直入丹田後，餘韻仍留在唇齒與喉間蕩漾，確為難得
的佳茗。

1970年代重慶茶葉土產進出口公司出品的重慶烏龍沱茶（祥興名茶藏）。

白針金蓮散茶與大葉野生散茶

　　提到普洱茶，人們通常會自然聯想到茶餅、茶磚或沱茶，事實上，普洱散茶的生產從古至今一直未曾停歇，且歷史也最為輝煌，例如清朝作為貢品上選的「瓶盛芽茶」、「毛尖」等。而2002年廣州茶葉博覽交易會上，所拍出100公克高達16萬人民幣（約台幣70萬）的「**茶王**」，**就是思茅古普洱茶葉公司所產製的「宮廷普洱散茶」**，作為當時普洱新茶價格狂飆的指標性茶品，顯然散茶的實力絕不容小覷。

1980年代的七分熟白針金蓮散茶（祥興名茶藏）。

普洱散茶通常以嫩度區分為級外、10級到1級、特級等，一般來說，嫩度越高品質越好。我個人特別喜歡推薦普洱散茶，因為**散茶未經緊壓，陳化速度比起茶餅或茶磚等絕對來得快，又有利於觀察葉片、外形、色澤等**，但也由於未經緊壓成形，少了足以辨識身分的外包茶票紙或內飛，茶品價格往往遠低於同年份的緊壓茶，假如純粹以品茶的角度而非藏茶考量的話，當然是愛茶人的最上選了。

以白針金蓮為例，由於與過去作為貢茶的女兒茶型態十分相似，且原料多半來自勐海大葉種灌木茶樹，而號稱「現代女兒茶」。白針金蓮顧名思義，採一級細嫩的茶菁，外觀為青栗色帶「白色細毫」與「金色芽頭」，二～三分微熟者帶有類似六堡茶「發金花」般薄薄的白霜，看倌可千萬別誤以為茶品發霉而扔掉了。

事實上，目前市面上凡採1～2級嫩芽茶菁所製作

1990年代的四分熟白針金蓮散茶（東霖茶業藏）。

的散茶，大多稱為白針金蓮，**以具有荷香者為極品**，只是每年所產製的青熟度不盡相同，從二分熟至七分熟不等，而以四分或七分熟為多，較為順甜的口感也較受消費者喜愛，乾茶條索則接近栗紅色。

1980年代與90年代的白針金蓮，均採芽尖，皆為七分熟，有明顯荷香，茶湯為深酒紅栗色，茶氣強勁、口感十分醇厚。

約1970年代產製的普洱野生大葉野生散茶，茶湯紅濃而油亮（東霖茶業藏）。

此外，約1970～80年代產製的普洱野生大葉散茶，沖泡後湯色紅濃而油亮，茶湯在杯中明顯呈現鑲金色邊緣，具棗香與藥香的香氣沈穩且持久，品之全無雜氣，滋味也甜香滑潤，且回韻與回甘無窮。葉底均已泥化，顯示年代久遠。

藏茶資訊

◎茗心坊（林貴松）：台北市信義路4段1-17號
　電話：（02）2700-8676
◎祥興名茶（陳漢民）：台中縣梧棲鎮四維路71巷6號
　電話：（04）2657-5080
　網址：www.chtea.com.tw
◎東霖茶業（謝勝騰）：台北縣鶯歌鎮育英街63號
　電話：（02）2678-7079
◎大友普洱茶博物館（廖義榮）：台北縣鶯歌鎮建國路59號
　電話：（02）2678-1876
　昆明：昆明市紅塔西路26號
　電話：0871-4318619
◎茶藏（黃繼漢）：台北市通安街95號
　電話：（02）2736-9741

第二章　印級與七子級藏茶與辨識

5. 新生代普洱藏茶與辨識

1996年以後，大量的陳年普洱茶從香港流向台灣，帶動了整個市場的蓬勃發展。隨著中國加速經改開放的腳步，私營茶廠也紛紛崛起，普洱茶從此進入群雄並起、新茶激烈競爭的局面，國營大廠受到連番衝擊而紛紛不支倒地：先是昆明茶廠於1994年宣告結束，下關茶廠也在2004年4月經公開拍賣轉為私營企業，勐海茶廠儘管於1994年啟用「大益」全新品牌力圖振作，仍不免在2004年10月為博聞公司兼併。

至於已逾55年的中茶公司（中國土產畜產進出口公司）與本為同根生的「雲南省茶葉公司」，則在邁入21世紀以後，為了爭奪普洱第一品牌「中茶牌」的商標權而相煎太急、爭論不休。

省公司在1998年起同時使用原「中茶牌」與新註冊的「吉幸牌」商標，並委由勐海、下關等茶廠代為生產。2003年省公司正式停用中茶牌而使用吉幸牌，並標明「中國土產畜產雲南茶葉進出口公司」。當時為紀念新中國建立後雲南普洱茶的發展歷程，而在2005年委託六大茶山製作的全套「雲茶歷程熟餅」，使用的商標也為吉幸牌而非中茶牌。

勐海茶廠自1994年啟用「大益」全新識別品牌至今，前期的簡體字（左）與後期的繁體字（右）青餅均深受市場青睞（傳芳普洱藏）。

雲南省茶葉公司在1998年至2005年間所使用的吉幸牌商標（下）與原來的中茶牌商標（上）。

雲南茶葉進出口公司2005年雲茶歷程熟餅，使用的商標為吉幸牌而非中茶牌。

直到2006年，省公司才重新取得中茶牌商標，**並建立了新的昆明茶廠，延續老字號中茶商標（即八中標誌）的普洱茶生產。**

品牌意識的抬頭，以及產製年份、原料的明確標示，在近年也逐漸受到重視。從內票或外包茶票紙清楚註明青餅或熟茶，以及產地、出廠年份、原料、數量、批號，甚至附上負責人親筆簽名的保證書、收藏證明等，成為21世紀普洱茶與世界接軌的新趨勢。

近年為保護消費者權益，雲南省政府也明令所有茶品都必須申請**「Q.S質量安全認證」**，並將認證後的防偽標籤貼印在外包裝上。

看好普洱新茶後勢的無限商機，**台灣茶商**除了向雲南茶廠直接下單訂製茶品外，近年更有大友普洱茶博物館、傳芳普洱、王德傳、陳遠號、好實悟等大批台商進入雲南，嚴選製作的普洱茶在兩岸或東南亞都有一定的評價，其中最著名、深耕也最久的應非「傳芳普洱」的黃傳芳莫屬。

話說早在1990年代末期就遠赴雲南發展，**在普洱市思茅區成立「康提茶品」的黃傳芳，今天則以**

傳芳普洱、中國靜美堂兩項品牌打響名號，市場上頗受好評的茶品包括抱拙青普、抱拙藍鐵、抱拙紅鐵、璽餅等，均為他親自挑選優質茶菁拼配而成。他說普洱新茶

雲南茶葉進出口公司在昆明市郊跑馬山新建的昆明茶廠。

的品質提升，必須排除茶中的性寒、苦澀重、分子粗、飲之掛喉不滑、回甘慢等種種缺點，而好的新茶也需擁有甘醇回味、潤滑溫和、活潑鮮美，立足於「可以藏可以品嚐」的基本條件，並越陳越有韻。

　　2007年，黃傳芳在尋覓茶菁做為拼配「璽餅」的同時，意外發現具有**四大特色的茶菁**：其一為「地理茶」，即地氣強旺、茶氣也強旺，相對濕度、降雨量充沛且適量；其二有如茶葉中雙層水熟速行順之茶，即茶中寒性之水已轉溫，菁腥之水已排除；其三則有如蛋清雅香的茶，即聞之淡淡清雅有蛋白之味、柔潤平和；其四有如成熟水果之香，這是茶中芳香酯

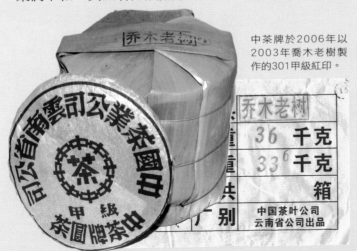

中茶牌於2006年以2003年喬木老樹製作的301甲級紅印。

喬木老樹
36 千克
33.6 千克
共　　箱
　別
中國茶葉公司
云南省公司出品

黃傳芳以玉形容的250公克璽餅在市場頗受好評。

轉化達到成熟厚實的位階。因此，他表示「此茶是我一生機緣巧遇的茶品中最為高檔的茶，將來是否還能拼配出如此之高檔的茶，我不敢肯定」。

黃傳芳將緊壓後的250公克圓茶以玉形容，命名為「璽餅」，並在外包茶票紙上寫下「爾如山藏之，水養之，以璞出兮，慎雕琢。爾如玉，溫潤韻，內含光，執入懷兮終不離」的頌詞。

此外，還有源於藍印鐵餅與紅印鐵餅的藍鐵與紅鐵，以及來自雲南廣別老寨千年古茶園的「惜餅」等，外包茶票紙上也明白標示「抱拙茶道人文工作室歷經三年觀察肯定之茶區」。

值得一提的是，普洱熱在全中國與東南亞興起後，也帶動了其他黑茶如六堡茶、六安茶、千兩茶，以及青茶類武夷岩茶的再度受到重視。**武夷山**雖然位於福建省，但山脈卻一直往南延伸至號稱「中國單欉茶之鄉」的廣東梅州大埔西岩山、平遠一帶，所孕育

的岩茶極品大紅袍，由於「武夷十焙、三年成藥」的
特性，近年也與普洱茶一樣逐漸形成藏茶風潮，甚至
推出緊壓的大紅袍青餅與有機黑茶，格外引人注目。

　　位於大埔縣東南與饒平縣交界的**西岩山**，數百
年來居民始終世襲著種茶的傳統，作為主要的經濟
來源。茶園裡，遍地土壤表面
都覆蓋著天然的岩礦，
或岩礦自然風化的沃
土，稱為岩茶果然
名符其實。

源於藍印鐵餅
的抱拙藍鐵。

　　儘管西岩山種
茶歷史悠久，但真
正形成經濟規模卻是
在近年，**來自台灣的何氏
兄弟**胼手胝足開創了大翔集
團與天富茶品牌，並重新賦
予岩茶新的生命。由於海拔高，
西岩山大紅袍呈現高山茶的花香加上岩茶的果香，
茶湯則橙黃明亮、香氣濃郁、滋味醇厚。為了便於藏

黃傳芳親自拼配的抱拙青普，左上
方可見QS質量安全認證。

大翔集團以鐵模
緊壓的大紅袍青
餅（左）與有機
黑茶（右），內
飛為作者在現場
以名片所置入。

茶，特別採用西岩山、平遠等海拔1200公尺以上有
機茶園或喬木單欉茶為原料，以鐵模蒸壓為鐵餅狀，
也將未烘焙的頂級大紅袍直接緊壓為青餅。二者以
「天富茶」為商標，在廣東、福建、江西、上海等地
銷售情形甚佳，在台灣也有一定的口碑。

　　大紅袍青餅新品一樣具有「岩骨花香」的特殊奇
韻，茶味也不失「圓滑甘潤、久藏不壞、溫而不寒」
的特色。至於陳放數年後是否也能如陳年生普般更具
香醇或喉韻？我們且拭目以待。

藏茶資訊

◎傳芳普洱／中國靜美堂（黃傳芳、楊曼麗）
雲南：昆明市官南大道188號康樂茶葉交易中心內
電話：（0871）7012529
台灣：桃園市永安路130號
電話：（03）3355585
◎台灣大翔集團／天富茗茶
廣東省梅州市大埔縣同仁路239號
電話：（0753）5536998（何敏才）
台灣：台北市忠孝東路一段138號2樓
電話：（02）2393-4079、0933161675（何育才）

第二章
印級與七子級藏茶與辨識

第三章
近代明星茶區藏茶

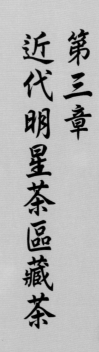

6. 近年快速崛起的明星茶區 ——臨滄

臨滄市鳳慶縣內的魯史古鎮（楊輝提供）。

原本稱為「臨滄地區」，今天已改制為「臨滄市」，儘管是近年才快速崛起的明星茶區，其實早在民國初年，當易武老茶號大放異彩的同時，鳳慶縣也有「寶豐祥」、「復和春」等二十多家大小不一的茶葉商號，其中流傳最廣的老茶號座落在魯史古鎮上，那就是**創辦於1922年的「俊昌號」**，創始人是原籍四川的駱英才。

鳳山茶區與魯史古鎮

駱英才在鳳慶稱得上是一個充滿傳奇性的人物，他從開茶館、經營雜貨、馬幫糧料、煙絲加工等小作坊起家，到當地第一位開始規模化置買荒山、種植茶葉加工，並將茶品直銷下關，堪稱是「一條龍」產銷的茶號，也使得魯史在1930～40年代發展為普洱茶的繁盛城鎮，被稱為「茶出臨滄第一鎮」，今天也留下不少歷史遺跡。

魯史自古產茶，明清兩代以降，魯史居民就一直以茶為生，今天鎮內**金雞村**尚留有百株連片的古茶樹野生群落，而海拔2400公尺左右的**古平村**更有3000多株野生茶樹。

可惜的是，當年名聞遐邇的俊昌號今天並未留下任何老茶品，因此作為駱英才外孫媳的六大茶山茶業公司董事長**阮殿蓉**，特別以當年傳承的傳統古法，於

2007年11月製作出新一代的俊昌號圓茶,包括採鳳慶野生古茶樹製作的「俊昌號」,與魯史鎮內台地茶菁製成的「魯史俊昌號」兩款。

　　從乾茶外型與色澤來看:俊昌號野生茶的紋理清晰且緊度適中,條索長而勻整,尤其以整片連梗單葉製作的鋪面,長梗彷彿柳葉般,茶芽白毫光澤亮潤,色澤青綠;魯史俊昌號則色澤鮮明、光滑油潤,黃中泛青的條索十分勻整。二者的白毫均十分顯著。

　　進一步沖泡比較:俊昌號野生茶的湯色橙黃鮮明、清澈,香氣明顯帶有清雅的山林之氣,滋味醇和而飽滿,儘管第一、二泡略顯青澀,之後卻平和甘醇,葉底則勻嫩柔軟;魯史俊昌號的湯色橙黃濃亮,香氣純正而韻足,飲之彷彿置身陽光普照的茶園之中,顯然是一款經過嚴整傳統工藝,並在陽光下充分曬青、揉捻適當的好茶,溫暖甘香的滋味醇厚飽滿,黏稠而有活性,回甘持久,至於葉底則肥厚開展。

　　事實上,遠自明朝崇禎12年(1639),大旅行家徐霞客的足跡就已抵達了當時稱為「順寧」的鳳慶,對居民以煎烤手法款待的「太華茶」讚不絕口。到了清朝末年,順寧知府琦璘更倡導廣植勐庫大葉茶,勐庫茶從此由小農經營形式轉向官商豪紳投資,臨滄茶區也逐漸廣為公諸於世。

　　話說過去普洱明星茶區始終集中在滇南的普洱、西雙版納等地,**位處滇西的臨滄**直至近年,

現代俊昌號野生茶及湯色、葉底表現。

現代魯史俊昌號及湯色、葉底表現。

臨滄鳳慶縣香竹
箐發現樹齡超過
3200歲的古茶
王樹。

由於在**鳳慶縣城**50多公里、海拔2170公尺的**香竹箐山坡**上，發現樹齡超過3200歲、樹腰寬達5.67公尺，要四、五個人才能合抱的「栽培型古茶王樹」，當地居民尊稱為**「茶王之母」**，初步認定應為世界現存最粗、最大、最古老的茶樹王，才突然震驚了整個世界，也使得鳳慶一時聲名大噪。

難得的是歷經數千年的風霜，茶王樹依然枝繁葉茂，樹冠如蓋向四面八方散發著綠意盎然的鮮活生命力，一點也看不出老態。儘管目前尚無精確的測量方式可以確定，但根據2004年初，日本農學博士**大森正司**與中國農業科學院茶葉研究所**林智**博士等人的測定，茶樹有明顯的人工栽培跡象，年齡應在3200～3500歲之間。據此往回推算約在**西元前1193～1493年左右**，甚至比紂王早出生約100歲。也就是說，假如專家的考證屬實，中國人栽種茶樹可以確認至少在商朝時代就已開始。

此外，鳳慶全縣還有大小野生古茶樹群落17個共3.1萬多畝，以及6個栽培型古茶樹群落共3000多畝；其中，百年以上至500歲的古茶園有8大片，加

上民國以前人工栽培的2.13萬畝古茶園，鳳慶縣的古
茶樹資源高達5.6萬畝左右。

臨滄與鳳山三傑——

福祿貢號、水藍印、天信號、銀毫沱茶

　　值得注意的是：1950、60年代雖以西雙版納勐
海茶廠出品的印級茶獨大，但同時期卻也有來自臨滄
地區鳳慶縣鳳山鎮的「舊年茶菁」原料，悄悄出口至
中南半島，再由泰國「鴻利兩合公司」所產製的一批
早期「福祿貢」圓茶，至今已有50年以上的陳期。

　　近年極力推崇臨滄茶，並**將福祿貢圓茶、水藍印
圓茶與銀毫沱茶，並稱為「臨滄三傑」**的中國普洱茶
學會會長鄧時海，曾針對泰國公司當年何以捨近（西
雙版納）求遠（臨滄）的地理環境詳加說明，還親手
繪製了一張地圖，證明當時茶菁係由海拔約1800公
尺的鳳山經永德，轉往緬甸木邦
府後，最後運抵泰國北部的清邁
製造，並於泰國首都曼谷發行。

　　茶票上由鴻利兩合公司
「本公司經營茶葉歷史悠久，
專選辦鳳山舊年雨前春茶精工
複製，味醇色濃，飲後能振
作精神，誠生津解暑佳品，
早為各界所樂用惠顧，諸君請
認明壽字嘜庶不致誤」謹白的

早期福祿貢圓
茶至今已有
55年的陳期
（大友普洱茶
博物館藏）。

水藍印圓茶今天也成了炙手可熱的明星茶品（茗心坊藏）。

水藍印圓茶有細緻的茶水，茶韻滋味豐富。

文字，**正說明了茶菁來自雲南，製作卻是在泰國**，顯然1950年代外銷普洱茶並非僅限成品，原料也在出口之列。有趣的是其中的「嘜」字讀音為Mark，即商標之意。

由於以鳳山茶菁所製作的茶品在青壯時期通常都**會有明顯的苦味**，因此來自泰國的福祿貢圓茶早期並不被看好，甚至一度被視為來路不明的邊境茶，受青睞的程度遠不及同期的印級茶，但**陳化五十餘年後**卻有穩定單一的茶韻，苦澀也全然為厚重的口感及強勁的氣韻所掩蓋，再加上其水性厚滑、微苦卻潤喉回甘的特色，且具有純正的野樟香，茶湯在普洱茶品中堪稱最為醇厚濃釅，因此近年也谷底翻身，人氣扶搖直上。

鄧時海表示，福祿貢圓茶是採用鳳山出口茶菁製成，品質必定是上好的，因此以「貢茶」稱之，據說還有在海外製成茶品回銷香港或大陸之意。

福祿貢茶為圓餅茶型，餅身較一般為厚重，每餅埋貼有綠字白底橫式長方形的內飛，規格為5×7.5公分。每筒有一張白底紅

字9×13公分立式長方形的內票，上有中英文並列的地址。

有人說滇南易武山茶的茶性與滇西鳳山茶的茶性區別極大：易武山茶偏澀，而鳳山茶則微苦。鳳山茶山都在海拔1400公尺以上，茶葉特別碩厚細嫩，與一般易武山的茶菁相較，比較脆弱，因此福祿貢號茶葉也很容易破碎。水性雖然醇厚濃釅，但是十分細滑，活性十足，**完全表現出普洱茶中高山茶的優美。**

水藍印圓茶：由於外包茶票紙有著「大口中」的特性，加上八中標誌「茶」字為水藍色而普遍被名為「大口中水藍印」；又由於內飛為「大出美術字」，而被茶商認定應該與「七子級」茶品出品年代相近；三分熟的配茶方式，也使得苦澀加上幾分熟味，由於係全芽鋪面，因此茶韻滋味豐富，經過多年轉化後不僅有細緻的茶水，且有天然的樟香，今天也成了炙手可熱的明星茶品。

儘管近年許多茶人從茶面與外包紙來質疑水藍印，認為係1980年代中葉以後的產品，但鄧時海卻堅決表示**陳期絕對在30~35年之間**。他說從茶水老化的程度來看，水藍印的茶菁超過30年，只是壓餅成形的時間在15年或10年以前罷了。

鄧時海補充說，**號級茶**大多為黃條索，特色以香氣為主；**印級茶**多為紅條索，茶氣強；至於**臨滄茶**

陳期約二、三十年的銀毫沱茶（鄧時海藏）。

則多為黑條索，藥性強，其代表性茶品即為臨滄茶廠於1973～1985年所產製的**銀毫沱茶**，陳期約二、三十年，大別為1970年代中期的三分熟茶與1970年代後期的半生熟茶兩種，均以勐庫茶山的二級茶菁為原料，特色為茶菁嫩碎、茶香醇厚而略帶苦底，呈深栗色的茶湯濃釅，飲後潤喉回甘。

不同於鄧時海推崇的臨滄三傑，**坊間亦有將福祿貢圓茶、天信號、水藍印並稱為「鳳山三傑」的說法**。認為「天信號」是延續福祿貢圓茶的鳳山茶代表，儘管也因入口略苦而一度被指為邊境茶，但回甘持久、茶氣飽滿。

天信號，是最近幾年才引起注意的普洱陳茶，由於茶品既無內飛也無內票足以證明，產製日期與廠家至今也無較明確的定論。然而全然無外包茶票紙的作法，其實與過去號級老茶的作法相同，外包竹籮的形制則被港台兩地茶商普遍推論為「與印級茶年份相近」，甚至

陳期推論約50年上下的天信號圓茶（老吉子藏）。

第三章
近代明星茶區藏茶

普洱藏茶

30年（上）與
50年（下）
陳期的天信號
湯色與葉底表
現。

117

認為陳期可能不遜於福祿貢圓茶，使得天信號的身分
更加撲朔迷離。

　　**天信號的品韻雖略苦，但陳化約30年或50年後
的今天，野樟香味極強，已頗具老茶韻味了。**

　　我曾受邀共品兩款品項極為完整的天信號，根
據主人所提供的資料，陳期應分別為30年及50年上
下，二者沖泡後散發的老韻明顯有別，但不浮不躁的
沈穩茶氣，都能在瞬間瀰漫鼻尖帶來無限舒坦。

　　30年陳期的天信號，其第一泡，入口帶有明顯的
苦味浮現舌面，至第二泡才漸入佳境，醇厚黏稠、甘
中帶苦，待第三泡後苦味漸退，甘爽而順喉，至於湯
色，從第一泡至第五泡都維持透亮的暗栗色；50年陳
期的天信號，湯色則更為紅濃明亮，杯緣且泛起黃暈
般的油光。

　　持平而論，二者湯色與香氣都不輸給印級老茶，
茶氣強而不霸，委實出乎我的意料。儘管30年陳期
的微苦感覺無法迴避，在冷茶時尤其顯著，所幸去化

鄧時海監製落款的福祿圓茶為來自臨滄鳳慶的茶菁。

很快,且不帶任何澀感;而50年陳期的苦味已大為消退,茶湯且更黏稠醇厚,尤其第三泡後更表現得甘滑潤口、陳韻十足,顯然陳期不在印級茶之下,列為鳳山三傑之一,絕對當之無愧。

鄧時海表示,臨滄茶內涵濃郁豐富且較為濃烈的特性,使得它常被拼配為其他明星茶品的「味精」,使之有足夠的茶氣。當其他茶區逐漸因為過度摘採而退化的今天,臨滄茶則適時發揮了遞補的作用,且絕對會「後來居上」。因此,當廣東中山成立

鳳慶的青龍橋是滇中通往緬甸臘戍的南茶馬古道咽喉(阮殿蓉提供)。

「鄧時海實業公司」,由他監製落款的第一批現代「福祿圓茶」,即來自臨滄鳳慶的青普。至於毛茶苦澀的疑慮,他解釋說「並非所有鳳慶茶皆苦澀」,他也信心滿滿的表示,鳳慶的西山與東山不同,西山茶苦澀味較低,又不失鳳慶茶的特色,市場應有足夠的接受度才是。

雙江勐庫、永德、大雪山、滄源

　　臨滄茶區主要包括雙江縣的勐庫、永德縣、鳳慶縣、雲縣、耿馬縣與滄源縣岩帥等地。據說1920年代，大理下關「永昌祥」商號生產的沱茶與緊茶，主要原料就是來自鳳慶的曬青毛茶；甚至1980年代下關茶廠製作「班禪緊茶」的原料也多來自於此。

　　在綿延200多公里、遍布全市8個縣的9000多平方公里的原始森林與次森林中，都有野生茶樹分布，野生茶樹林超過40萬畝。其中最有代表性的是勐庫大雪山1.2萬畝野生古茶樹群落，以及永德大雪山10.05萬畝野生古茶樹群落。

　　1997年雙江自治縣首在**勐庫大雪山**海拔約2250~2750公尺地帶，發現大面積的野生古茶樹林，分佈總面積1.2萬多畝，其中最大的「1號野茶樹」基圍粗達3.5公尺，據說是目前世界上已發現海拔最高、面積最廣、密度也最大的古茶樹群落，不僅具有極強的抗寒性等抗逆力，也刷新了全球古茶樹紀錄。研究人員深入考察後且發現，勐庫野生古茶樹是一個野生茶樹物種，在進化上比普洱茶種還要原始，具有茶樹一切形態特徵和茶樹功能性成份，如茶多酚、氨基酸、咖啡鹼等。

　　由於勐庫大雪山的野生大葉種喬木茶，尚未過度採摘，因此茶質優良細膩，枝梗肥壯飽滿。目前市面上頗受歡迎的一款「**中茶大雪山**

雙江勐庫大雪山野生古茶樹林（阮殿蓉提供）。

「紅印」圓茶，就是採2006年雨前春尖茶菁，依傳統工藝曬、揉、蒸、壓製而成，茶面鬆緊適當、條索肥壯，沖泡後湯色蜜黃、晶瑩透亮，滋味醇厚濃郁而甘甜，茶氣尤其霸氣十足而持久。

中茶大雪山紅印圓茶的茶面與湯色、葉底表現（東霖茶業藏）。

此外，**永德縣大雪山**古茶樹自然群落，則分佈在永德大雪山國家自然保護區內的原始森林中，根據專家考證研究發現，古茶樹群落屬原生自然植被，夾雜著闊葉林，混生在海拔1900～2600公尺範圍內的南亞熱帶山地生態系統中，由於人煙罕至，原始狀態保持良好。其中基圍在40公分以上的有30萬餘株、80～200公分以上的近10萬株，樹齡千年以上的更有近千株、樹幹最高有25公尺。

永德大雪山野生古茶樹林（阮殿蓉提供）。

臨滄近年來迅速發展為炙手可熱的明星茶區，自然吸引了許多大型企業前往設廠，如六大茶山茶業、龍潤集團等，以及包括來自台灣的翰林國際茶飲集團、大友普洱茶博物

館、上金實業等，各地茶商紛紛前來收茶，或作為主要茶品或作為拼配。

其中，做為台灣茶飲界的龍頭老大，以及執茶文化牛耳的《茶撰》雜誌發行人，**「翰林」主人涂宗和採自臨滄大雪山古茶樹茶菁，所製作推出的兩款圓茶「藏色」與「藏嬌」**，也有令人激賞的表現：藏色的茶面條索勻整油亮，茶湯呈透亮的金黃色，入口黏稠、溫潤且甘醇、甜爽，香氣清遠且杯底留香。至於藏嬌，其茶面條索整齊、白毫顯露，沖泡後香氣高雅、韻味十足，金黃色的茶湯入口溫潤、黏稠、甘醇。二者茶氣皆十分飽滿且回甘持久，堪稱可以立即品飲又能藏諸名山的上選青餅。

藏色與藏嬌二者所附內票說明均為「生長於雲南大雪山原始森林，海拔約2500公尺，終年雲霧繚

翰林藏色圓茶的茶面與湯色、葉底表現。

繞，茶樹約31.6公尺高，曬青毛茶遵循古法手工石磨壓製，茶質強茶湯醇厚，香氣清遠堪稱傳承之佳品」。

位於臨滄市西南部的滄源，與普洱市的西盟縣同為中國僅有的兩個佤族自治縣之一，古時稱做阿佤山區或「葫蘆王地」，也是古茶樹生態資源豐富的茶區，主要集中在**岩帥鎮**。

台南上金實業的尤證平，早在雲南人不喝普洱茶、台灣人不愛青普的年代，就曾隻身勇闖雲南各大茶山，翻山越嶺通過顛簸山道的嚴苛考驗，大膽深入野生古茶樹群落山區找茶。近年則不斷前進滄源佤山尋覓古喬木茶菁，以「**好實悟**」商標製作出不少青餅

翰林藏嬌圓茶的茶面與湯色、葉底表現。

上金實業2004年岩帥千年古喬木青餅湯色與葉底表現。

與熟茶磚。

在徵得他的同意下，我特別以2004年岩帥千年
古喬木青餅、2005年岩帥喬木青餅兩款生普圓茶，
邀請藝文界與茶界幾位友人共同評比如下：

茶品名稱	上金2004岩帥野生千年古茶樹青餅	上金2005年岩帥喬木青餅
外型	條索整齊，白毫顯露，茶芽肥壯，無梗，顏色灰綠，鬆緊適宜	石磨壓製，鬆緊適宜，黃褐夾雜，茶葉成熟率高，有陳放轉褐，乾香撲鼻
香氣	略帶煙燻味、山頭氣十足	開湯後高溫香帶山靈氣
湯色	蜜黃明亮	黃褐清澈
滋味	飽滿，醇和，回甘，有活性	甘滑，柔軟，平淡，上額略帶苦味
葉底	茶芽肥大，葉片肥厚	葉片成熟率高，梗長

此外，尤證平也推出了**勐庫喬木與野生喬
木古茶**兩種散茶：前者茶菁較為成熟，
長梗、條索較粗鬆，試泡後入口溫潤
飽滿且香氣濃郁；而野生喬木古茶的
外型則較嫩，帶白毫與梗，條索較
為緊實，金黃明亮的湯色帶著純和
香氣，口感則充分洋溢活性，入喉滑
軟回甘。二者的葉底均富有彈性與光
澤，可以立即品飲更值得長期收藏。

至於**勐庫大雪山茶磚、岩帥喬木
茶磚**兩款熟茶：大雪山熟磚外型條索
較細，呈褐紅色，茶湯明亮豔紅，入
口則十分細柔滑順；而岩帥喬木熟磚的

上金實業2005年岩帥喬木
青餅湯色葉底表現。

條索肥大，湯色紅潤而口感甘滑醇厚。二者均明顯經過高溫烘焙，達到去除雜氣與殺菌效果，且沒有一般熟茶嗆鼻的熟味，殊屬難得。

上金實業2005年勐庫大雪山散茶（左）與野生喬木散茶（右）。

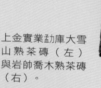

上金實業勐庫大雪山熟茶磚（左）與岩帥喬木熟茶磚（右）。

藏茶資訊

◎六大茶山茶業（阮殿蓉）：昆明市金星小區苑北巷偉龍廣場A幢四樓市場
電話：0871-5718891、718629
網址：www.liudachashan.com

◎翰林國際茶飲集團／茶撰雜誌（涂宗和）：台南市南區新孝路191號3樓
電話：（06）2919758
網址：shopping.hantin-tea.com.tw

◎清新茶行/鄧時海福祿圓茶（蘇榮新）：廣東省中山市
電話：13902598898

◎上金實業（尤證平）：台南市安和路6段20巷120弄30號
電話：（06）3552668
台中（陳文正）：台中縣清水鎮光明路32號3樓
電話：0932-619515
大陸（上京）：寧波市海署區麗園北路50號
電話：0574-87167408

7. 正山茶區老茶號——
易武與古六大茶山

在偌大的中國地圖上，易武只是一個毫不起眼的小鎮，隸屬於雲南省西雙版納傣族自治州勐臘縣，

茶山環抱的易武古鎮。

卻曾經在半個世紀或更早以前，開啟了普洱茶的輝煌盛世。儘管曾經一度沒落，茶園也一度淹沒在荒煙蔓草之間，今天卻能夠重新站起，繼續在全球普洱茶發燒市場上扮演著舉足輕重的角色。

易武的發跡，最早可追溯至清朝雍正7年（1730），雍正皇帝欽命心腹鄂爾泰出任雲南總督，奉詔執行新政之一的「改土歸流」政策，首先

易武老街石板路上隨處可見過去顯赫一時的老茶號遺址。

在瀾滄江中下游建設貢茶廠，普洱茶隨之大量進入京師，廣受朝廷皇室的青睞。

由於普洱茶的需求量迅速增大、利潤頗為可觀，因此吸引了包括省內石屏、建水、墨江，以及四川、廣東、廣西等地的商賈紛紛前來，在瀾滄江北的曼撒、莽枝、蠻磚、倚邦、革登、攸樂等古六大茶山一帶廣設茶廠茶號。**佔盡地利之便的易武因此成了當時**

古代(江北)與現代(江南)六大茶山對照圖

普洱市

景邁茶山

南嶠茶山

西雙版納傣族自治州

●大渡崗

倚邦茶山

莽枝茶山

澜

革登茶山

攸樂茶山

●象明

蠻磚茶山

易武

巴達茶山

勐海

南糯茶山

景洪

沧

江

曼撒茶山

打洛 ●

佛海茶山

●班章

布朗山 ●

勐宋茶山

湄公河

緬 甸

●勐臘

●勐滿

老 撾

最大的加工產地,以「陽春細嫩白尖」的大葉種普洱茶菁製茶,使易武茶無論量與質都一躍為古代六大茶山之冠。

在清朝嘉慶、道光年間茶葉貿易臻於鼎盛,每年可收購茶葉數10萬斤,進山採茶的民眾高達數10萬人之多,年產毛茶7至8萬擔,是易武最為繁盛風光的時期。

易武古鎮周邊的茶園在今日又恢復盎然生機。

易武今日仍不時可發現馬幫列隊行進的蹤影。

　　即便在21世紀的今天，每天都有巴士與運貨卡車竟日繁忙地奔馳在易武週邊道路上，也不時發現馬幫列隊行進的身影，他們或受託將茶菁自陡峭的山區運送進城，或將生活所需馱運至交通不便的偏遠村落，費用比起貨車自然便宜許多，而馬蹄達達更為老茶重鎮增添了不少復古風情。

　　在多數茶人的心目中，易武茶園是目前六大古茶山中保護最好、古茶樹遺存最多、且產茶量也最大的茶山：平均海拔約1320公尺，年均溫20度，茶區中至今仍留有許多野生型或栽培型野生茶，以及大量野放茶園與少數民族栽培茶園等，其茶菁的特色為茶質厚重、各茶種香氣特異等。

呂禮臻於1996
年製作的真淳
雅號以內飛註
明年份。

　　儘管易武在
1949年以前，曾
以「同慶號」、
「宋聘號」、「同
興號」、「車順
號」、「同昌號」
等一連串締造普洱
輝煌的老茶莊而盛
極一時，今天也
幾乎是優質普洱茶原料的代名詞，但卻很少人知道，
歷經中共建國、老茶號紛紛關閉，以及長達十年的文
革惡夢，易武一度從炫燦歸於平淡，甚至可以說「荒
廢」了數十年，直到改革開放後，第一批進入易武的
茶人竟然是來自台灣的呂禮臻、陳懷遠、白宜芳、吳
芳洲等人，而**改革開放後以傳統手工製作的「易武喬
木古樹圓茶第一餅」，也是來自台灣的呂禮臻費盡
千辛萬苦所訂製完成，即今天在市場上炙手可熱的
1994～1996年「真淳雅號」。**

　　話說呂禮臻早從1980年代就不斷往來港台之
間，帶回數量頗多的普洱老茶。儘管後來兩岸已漸行
開放，中國計畫經濟時代卻仍未完全結束，私營茶廠
尚未崛起，普洱茶產製仍是國營四大廠的天下，然距
離易武最近的勐海茶廠也長久未前往收茶。當時台地
茶與喬木古樹茶價格相同，皆為每公斤3元人民幣，
而新茶在台灣只有熟茶市場，青餅對大多數人來說幾
乎完全陌生。

　　呂禮臻回憶說，1994年的易武不僅茶園荒蕪，也無人記得任何製茶工序，匆匆返國後2個月再度前往易武，就向鄉長訂製青餅，一簽就是三年的合約，並嚴格要求全部需以喬木茶製作，毛茶每公斤收購價15元，已經是當時的天價了。

　　此後不斷長途跋涉跑了11趟，鄉政府委由張毅負責，並覓得戰前宋聘號唯一尚在人間的老師父張官壽指導：1994年終於做出了第一餅青普圓茶，但數量甚少，至1995年才開始量產，1996年才開始有內飛。

　　呂禮臻有鑑於過去所有普洱茶無論內飛、內票或外包茶票紙，甚至做為產品標示證明的整件「支票」，均未標示出產年份，使得今天品飲老茶彷彿考古般費盡艱辛，消費者也無所適從，因此**首創在內飛標示年份**，以「丙子」年讓普洱茶走出混沌不明的年代，正式邁向消費者明確標示的時代，筒包且以傳統老宋聘號的製作方式**用老大黃竹葉包封**。

　　在當時交通不便、兩岸尚無正式商貿往來的1990年

真淳雅號經過10年的陳化，茶湯已有上乘的表現。

臻味號推出的
2007經典名人
紀念餅。

代，每年總產量約3至5噸、辛苦製成的「**真淳雅號**」普洱青餅，卻依舊被搶購一空。呂禮臻表示自己手上唯一的一筒，還是今年才從早年客戶韓國高僧手中購回，竹筍葉殼包裝上還有高僧以毛筆漢字書寫的紀錄，因此該筒茶的貯存既非台灣倉也非香港倉，而應稱做「大韓民國倉」了。

儘管「真淳雅號」已不易購得，呂禮臻於2004年又重新出發，返回易武找回過去的老班底，製作新一批的「**臻味號**」圓茶。呂禮臻表示，原料同樣採自易武麻黑最優質的喬木古樹茶菁，只是作法比起之前的摸索期更進了一步，缺點也全然改善。

2007年的臻味號，入口已頗為柔順，沒有一般新品的苦澀，澄明透徹的茶湯，呈現令人難以置信的亮麗金琥珀色，稠、黏、甜三項特色的釋放也十分平均，香氣緩慢從胃中湧出而回甘，且十分耐泡。

中斷了四十多年的易武傳統手工製茶技藝，能夠在短短數年重現曙光，**還得歸功於當年堅持脫隊，留在易武茶山辛苦尋覓製茶老師傅，號稱「台灣易武第一人」的陳懷遠**。他除了攝得不少珍貴照片外，更鍥

第三章
近代明星茶區藏茶

而不捨地找到了早已失傳的石磨、蒸桶，讓號級老茶的製作工序重現江湖，也讓其他茶人「有跡可尋」。

2001年，陳懷遠有計畫地重返易武，開始訂製野生古樹毛茶壓製成餅。近年陸續推出的**「陳遠號」易武圓茶**，由於始終堅持傳統手工，以區隔今日機器大量生產的茶品，儘管產量有限，但每一批茶品都深受肯定。

陳懷遠的堅持也表現在包裝的嚴苛要求，為了讓陳遠號在50年後也能像同慶老號般耐久堅實，捆綁竹箬筒包就使用韌性較強的竹篾，且沿著單片外緣層層綑綁了六道竹篾，兩端且絞合綁緊，編成排扣狀的結，整體散發出傳統的盎然古意。不僅有別於一般簡單幾圈環繞了事，更不同於機製大廠採用的麻繩或鐵絲，而筍殼支飛上完全承傳自老宋聘號或同慶號的「蓋印」技術，更呈現令人嘆為觀止的精緻典雅，可說是我所見過最具藝術氣質的筒包了。

易武麻黑的古茶樹群落（廖義榮提供）。

陳遠號易武之王的外觀與湯色表現。

傳統手工製茶至今在易武民間仍十分盛行。

傳統手工筒包的陳遠號極為精緻且充滿盎然古意。

廣福興革登古樹茶的外觀與湯色表現。

從普洱熱逐漸在中國興起，且古樹茶菁受到重視的2004年開始，除了大廠紛紛前往易武收購毛茶，台灣也有不少專業茶人陸續湧入，其中最著名的是客家籍的羅乾灶。

他接受台灣中華茶聯現任總會長吳冠巍的委託，深入古六大茶山荒廢數十年的深山秘境，包括攸樂、革登、曼撒、曼莊（蠻磚）、楊家寨、張家灣、莽枝大寨、刮風寨、帕溪河等地，與當地少數民族胼手胝足，共同尋覓元、明、清三代所遺留，藏在熱帶雨林中高大的千年老茶樹，再用最傳統原始的方式製作出一餅又一餅難得的古樹圓茶，長年累月與瘴癘搏鬥的打拼歷程還上了「台灣人在大陸」電視節目，讓不少觀眾為之動容。

清末民初著名的「陳雲號」老圓茶，茶菁多採自曼撒張家灣，而**羅乾灶的傳統茶廠也設在曼撒**，他說荒山野生茶樹群落往往遠在村寨10公里以外，少數民族天一亮就得出門採茶，日落後才能返抵家門，將茶菁立即攤在簸箕中靜置，待晚餐後再鍋炒殺青，柴火溫度約150度、茶面約40度、時間約5分鐘即可；炒熟攤涼後再進行揉捻，並在次日曬青一整天（當天曬、當天收的毛茶更亮更香）；最後攤涼，再以傳統石磨蒸壓成餅。

至於過度殺青或過度揉捻的疑問，他表示：殺青

第三章 近代明星茶區藏茶

溫度過高的茶，2年後茶葉會變黑；而「熟」的標準可以用「聞」的，菁味走掉就算熟了，過熟則會影響日後的發酵，而揉捻至出汁、手感黏黏且條索出來即可。

不同於市面上許多茶品都打著籠統的「古樹茶」名義，**羅乾灶則進一步將茶菁細分為「古茶園」與「荒山野生群落茶」兩大類：**前者即六大茶山的攸樂、革登、曼撒、曼莊等地，樹齡多在100歲以上；後者則是崇山峻嶺中稀有的千年古茶樹，如楊家寨、張家灣、刮風寨、帕溪河等地，少數民族必須攀爬至二、三十公尺高的大茶樹上採集嫩葉，堪稱步步驚險且得來不易。

廣福興莽枝大寨古樹茶的外觀與湯色表現。

羅乾灶強調，青餅新茶的茶湯，假如會澀就必然是小樹茶，因為越小的茶樹茶鹼就越重。

為了尋覓古茶園，羅乾灶總是要「眼見為憑」並且親身體驗試喝才算數，例如有農民告知在刮風寨找到野生老茶樹，他就得一路披荊斬棘跟過去，確定是圓周2.7公尺的老茶樹，再試飲粗製毛茶感覺OK後才訂製，儘管偌大一株老樹僅夠壓製7片圓茶，實在不符經濟效益，他仍滿懷興奮與雀躍，正是抱持這樣的「茶痴」心態，才能持續在荒山野嶺的歲月甘之如飴吧？

吳冠巍補充說，2004年初進易武時商標尚未註冊完成，因此先借用大陸友人搶先登記

廣福興攸樂古樹茶的外觀與湯色表現。

的「同興號」作為包裝，至2006年才使用自家「廣福興」的招牌，並且為了增強公信，每餅內飛旁還一一加上狗年生肖郵票，再蒸壓成餅，也算是普洱圓茶的創舉了。

由於嚴格依照各山頭茶菁逐一命名細分，廣福興單年的茶品就高達八、九款，每款均有不同風味的表現。唯恐個人的味蕾與口感不夠客觀，我特別邀請甫獲中國國務院頒證的第一批「茶藝技師」唐文菁、黃月里、張宜靜，及以收藏普洱茶著稱的攝影家鐘永和等人，以品鑑杯逐一沖泡後共同評比，所得結論彙整如下：

品名	外形				
	條索	整碎	色澤	淨度	香氣
帕溪河	緊結肥嫩	勻整	棕褐顯毫	勻淨	醇和帶山頭氣，冷香持久
楊家寨	緊結肥嫩	勻整	黃褐顯毫	勻淨	純和
攸樂	肥壯緊實	勻整	褐綠泛黑尚顯毫	勻淨	濃純 山頭氣十足
倚邦	緊細	勻整	棕褐帶黑顯毫	勻淨	濃正 帶山靈之氣
革登	緊細細嫩	勻整	黃褐較顯毫	勻淨 有嫩梗	平和
莽枝大寨	緊結肥嫩	勻整	棕褐顯毫	勻淨 有嫩梗	香氣濃郁 帶松煙味
刮風寨	緊結	勻整	褐綠泛黑	勻淨	平正 帶山頭氣

廣福興號的筒
包完全按傳統
工法製作。

總評得到的結論，是廣福興此批茶品滋味柔和，
儘管是新出品的青普圓茶，但苦澀味已不明顯，而純
以手工石磨壓製的茶餅，條索不若一般的緊結，有利
於日後的陳化，確是不可多得的老樹傳統手工圓茶。

早年易武茶
商多來自石屏，
為了飲水思源不
忘本，茶商遠在
清代就興建了與
關帝廟並存的
「石屏會館」，
作為當時聚會並
凝聚向心力的信
仰中心。可惜在
中共建國之初，
私人商號全部被
消滅殆盡，加上
1960、70年代
文化大革命的肆

內質		
滋味	湯色	葉底
濃厚微澀 回甘明顯	金黃	深綠泛黃
飽滿，濃醇 微澀，回甘	棕黃鮮明	勻齊，鮮嫩 深綠泛黃
醇厚，回甘 無苦澀味	橙黃鮮明	鮮嫩，黃中泛綠
甘醇爽口	黃紅明亮	黃褐，亮，細嫩
平和，收斂	棕黃明亮	細嫩 黃中泛綠，亮
濃醇苦澀 回甘快	黃明較亮	肥嫩 黃中泛褐，勻嫩
醇和 黏稠，回甘	棕黃	柔嫩，開展 勻齊

易武老街上的石屏會館今天已殘破不堪。

易武老街上的元泰豐茶莊至今已有八十多年的歷史。

易武斷案碑是普洱茶發展史上珍貴的文物。

◎臻味茶苑（呂禮臻）：台北縣鶯歌鎮尖山埔路169號
網址：www.chen-wey.com.tw
電話：（02）8678-0555
◎陳遠號嘉木堂（陳懷遠）：台南市南區文南路77號
電話：（06）2615737
◎廣福興號╱一香茶行（吳冠毅）：台中市尚德街137號
電話：（04）2205-1569、2203-0306

虐，今天會館原址早已殘破不堪，徒留雜草盤據屋瓦脊垛的軀殼，以及門外殘缺的老舊馬槽供後人憑弔。

所幸館內遺留的「斷案碑」依然完好挺立，字跡也依舊清晰可辨：碑石高約1.3公尺、寬0.7公尺，立於清朝道光18年（1838）。碑文共1142字，詳實記錄了當年低茶價、高茶稅的情況，易武茶商幾經抗爭興訟，終於獲得普洱府明白斷案，諭令易武土官從此「聽其民便，不得苛索」的史實，並唯恐後來的土官故態復萌、繼續以苛稅擾民，獲得勝訴的茶商特別將案例「立碑為記」，成了普洱茶發展史上極其珍貴的文物。山坡上的易武茶廠算是當地倖存且較具規模的大型茶廠，目前已由思茅龍生集團併購，改為「易武龍馬茶葉公司」。老街上的元泰豐茶莊，則是吳炳元、吳開元兩兄弟於民國10年（1921）所創辦，至今也有八十多年的歷史了。根據新一代掌門人吳建美與吳葵東的說法，早在國民政府時期，元泰豐產製的普洱茶就已外銷至越南、泰國等東南亞國家，深受歡迎，目前則力圖恢復先人製茶的榮光。

8. 頂著紅印光環的超級巨星
——勐海

自清末以迄民初，西雙版納普洱茶的重心幾乎都集中在瀾滄江以北，即易武為主的古六大茶山，至1930年代以後，瀾滄江南的勐海才逐漸熱絡起來，並在抗日戰爭前後達到鼎盛。

中共建國後，私人茶號幾乎都被消滅殆盡，也使得江北易武元氣大傷、光芒不再。加上1950年代開始，在計畫經濟的指導原則下，四大國營茶廠各自肩負不同的階段性任務，勐海茶廠因緣際會成為生產圓茶的最大廠家，不僅創造了紅印、綠印等明星產品，更在20世紀末葉，以七子餅茶最大贏家的身分，成了紅遍港台兩地以及東南亞的超級巨星，並使得六大茶山出現了現代版本：**以勐海為中心，包括江南的勐宋茶山、南糯茶山、勐海茶山、巴達茶山、南嶠茶山，以及普洱市的景邁茶山等。**

李拂一先生與佛海茶廠

「勐海」是傣族語，「勐」指地方，「海」則為厲害或勇敢之意，所謂勐海，就是「勇者居住的地方」，在中共建國前稱為「佛海」，茶園主要分布在海拔1170～1800公尺之間的山地丘陵，氣候溫暖濕潤，山谷一年

勐海茶廠曾是全球普洱茶人最熟悉的品牌。

作者於2007年
親訪當時108歲
的李拂一老先
生合影。

四季都浸潤在白茫茫的水霧中。公路兩旁無限開闊的田野，放眼所及盡是一畦畦綠油油的茶園，令人倍感游目騁懷。

據說拉薩、德欽、中甸等地的藏族長久以來普遍有「非車佛茶不過癮」之說，**車佛指的就是舊稱「車里」的景洪與佛海兩地。**

提到車佛茶與舊稱「佛海茶廠」的勐海茶廠，就不能不提到民國時期曾擔任車里縣長、雲南省參議員、首屆國大代表、對現代普洱茶貢獻最多的李拂一老先生，他不僅是佛海茶廠開創的最大推手，也是當年勐海地區最受尊崇的官商企業家，除了對國家居功厥偉，一生更行善無數，今天以109歲的高齡，依然目光如炬、健步如飛，與子孫在台北安享天年，令人崇敬又稱羨不已。

我有幸在2007年深秋親自訪問了當時108歲已達「茶壽」高齡的李拂一老先生，聽他細數勐海茶區崛起的歷程，彷彿閱讀一部活的普洱茶現代史。

李老先生說，勐海茶業始於清光緒末的1908年，來自石屏的張棠階兄弟三人，由磨黑井駄鹽到佛海、車里經商，並將收購的散茶運至思茅銷售，成為勐海茶業的濫觴。

話說1930年代勐海茶區已十分興盛，但地方仍非常落後，而當時最大的兩家茶商騰沖幫與鶴慶幫

每年都有豐厚盈餘，卻從未回饋地方，因此**在民國27年（1938），當時已辭去公職並開設有「復興茶莊」的李拂一**，聯合了可以興、時利和、大同、利利等近10家茶莊，成立了「佛海茶業聯合貿易公司」，將獲利撥出盈餘來建設地方，包括向國外購買機器成立電力公司、興建醫院、辦學校、造橋修路等。

李老先生回憶說，當年佛海仍屬瘴癘之區，蓋好的電廠沒有內地人願意前往管理，只好自己學，自己身兼多職還要負責發電廠。電力的啟動開啟了現代化發展，也帶動了地方的繁榮，茶葉貿易也一躍達到三萬七千擔，走海路銷往印度與東南亞等地。

李老先生說，當時蓋好醫院還得赴國外聘請醫師，唯恐外籍醫師語言不通，還千里迢迢請來北京協和大學畢業的華僑醫師陳少川，開出所需藥品及器材後，再由李拂一遠赴印度採購，用騾馬馱回勐海。

民國28年（1939）5月，為了籌措抗戰的龐大經費，國府財政部官員陳光甫受命與美國談判貸款2億美金，以茶葉、桐油、蠶絲做為擔保。

勐海縣隨處可見茶園與傣族農舍。

野生古茶樹上
靈巧採茶的傣
族少女。

李拂一因此建議中央，派茶葉專家范和鈞率領技術人員到佛海成立官辦「中茶公司佛海茶廠」，並將自己所掌握的37000擔茶交予中茶公司。**1940年佛海茶廠正式成立，從而揭開了普洱茶歷史的新篇章。**

曾於1942年掛名中茶公司總經理的李拂一說，佛海茶廠與下關、昆明、鳳慶、宜良等大型茶廠，在1940年創建之初，均屬於當時國民政府所轄的「雲南中國茶葉貿易公司」，即今日雲南省茶葉進出口公司的前身。其間，曾因戰火而停產了將近10年，至1950年代初期才恢復。

李老先生回憶說，復興茶莊當年以產製茶磚為主，包裝上漢文與藏文並列，由馬幫經由茶馬古道駄運銷往西藏，全程需100天。後來改由緬甸走海路經印度再到西藏，就僅需35天了。只是至今未曾留下任何「復興號」茶品，殊為可惜。

　　1950年代起改名為勐海茶廠所生產的「中茶牌圓茶」紅印、綠印，以及1970年代後著名的七子餅茶，數十年來一直被推崇為經典普洱茶的代表，今天更成了炙手可熱的當紅炸子雞。1994年以後，勐海茶廠另創「大益」品牌，大益普洱茶也成功取代過去「中國茶葉公司雲南省公司」的中茶品牌，成為普洱茶市場的著名商品。不過面對21世紀私營茶廠的劇烈競爭，陳痾過重的國營勐海茶廠也在2004年10月，由雲南博聞公司兼併為民營企業。

南糯茶山

　　話說勐海縣境內共有南糯山、布朗山、西定山、巴達山等四大茶山，其中南糯山曾以1953年所發現，一棵主幹圍粗4.34公尺、高5.5公尺的800歲栽培型古樹王，與鎮源2700歲的野生型古茶樹王、邦崴過渡型古茶樹王，並列全球三大古茶樹王，而轟動一時。

南糯山茶樹王雖已壽終正寢，但當地仍有萬畝以上的古茶園（劉江海提供）。

　　儘管茶樹王已在1994年壽終正寢，但絲毫未減南糯山茶的魅力，今天仍重新覓得另一株800歲以上的新茶王樹，也仍擁有萬畝以上的古茶園：土壤以磚紅壤與赤紅壤為主，土層深厚且土質肥沃，經常性的濃霧更具備了大葉種茶樹最佳的生長環境，也是各大茶廠競相收茶的熱門茶區之一。

　　南糯在傣語本為「筍醬」之意，源於山上哈尼

少數民族以隆重儀式設酒、雞、茶、飯來祭拜老茶樹（楊輝提供）。

族人擅於製作筍醬被列為貢品而得名。而南糯山又名孔明山，民間普遍傳說茶樹是被尊崇為「茶祖」的諸葛孔明，當年南征孟獲時留下的枴杖所長成的，因此至今每年農曆7月23日孔明誕辰，茶山各村寨都會舉行盛大的「茶祖會」，並以隆重儀式設酒、雞、茶、飯來祭拜老茶樹。

台灣翰林國際茶飲集團近年也進入南糯山，採境內原始森林海拔約1700公尺、終年雲霧裊繞約4公尺高的古樹茶菁，在2006年春天以曬青毛茶手工石磨壓製而成的圓茶，命名為**「藏雲」**：由於完全採自單一茶料，無其他雜氣，因此茶質十分純正、茶氣盛而不霸，茶面則條索勻整，醇厚的茶湯呈通透的蜜黃色，入口甘滑飽滿，香氣則清遠淡雅，且山頭氣足、口感強烈，回甘尤其濃郁，堪稱純度完美的一餅好茶。

此外，我長期深入普洱、西雙版納各地「找茶」，近年也結交了不少當地好友，例如長期致力研究雲南原始森林稀有動植物生態的傣族友人**劉江海**，他曾多次駕駛北京吉普載我馳騁在南糯山原始叢林之間。

在雲南普洱熱普遍興起之後，劉江海也以個體戶的身分製作了不少好茶。以2006年春天所製作的少

量「南糯山古樹茶」為例：餅面油亮紋理清晰，白毫分布均勻，茶菁鮮嫩肥厚，一眼就可認出手工製作且曬青足夠的鑿痕；金黃的湯色濃亮清澈，湯面還會蕩漾白毫，杯底香明顯；入口醇厚、黏稠，雖略帶苦味但回甘甜而持久，舌底生津，耐泡度可達10泡以上，讓我對他的製茶「功夫」刮目相看。

翰林藏雲圓茶的外觀與湯色葉底表現。

南糯山古樹茶的外觀與茶湯表現。

◎勐海茶廠：雲南西雙版納州勐海縣新茶路1號
電話：0691-5122172
◎西雙版納探險俱樂部（劉江海）：雲南省西雙版納州景洪市景德東路六號
電話：0691-2138357、13708611107

藏茶資訊

9.茶價七年翻漲百倍的奇蹟
——班章

班章茶區是近年崛起最為快速的一個「奇蹟」，甚至可以用「普洱茶神話」來形容吧？因為面對近年一波波的普洱茶熱，班章毛茶的價格在短短七年間翻漲了百倍之多：當地耆老回憶說，2000年時勐海茶廠來此收購一級茶菁的價格，每公斤不過8元人民幣而已，當時還嫌它茶芽過於碩大，且色彩也不理想，因此收購價格遠低於其他茶區；2001年小漲至11元～12元之間；至2004年開春價則突然暴增至30元～40元之譜，此後價格就一路攀升，從2005年的70元～180元、2006年的180元～400元，至2007年春茶已狂飆至每公斤1680元的天價。

2007年普洱新茶價格雖然一度崩盤，網路上所公布的班章毛茶也還有400～600元人民幣的身價，標榜「正老班章」的稀有成品，也依然有人搶購收

老班章寨子過去鮮少有外人進入（鄭添福提供）。

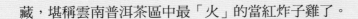

藏，堪稱雲南普洱茶區中最「火」的當紅炸子雞了。

老班章寨與新班章寨

老班章保留了完整的野生茶樹與原始森林並存的良好生態（鄭添福提供）。

　　事實上，跟許多愛茶人一樣，之前我對班章幾乎完全陌生。直至2006年早春，我在易武茶區採訪，在當地一家小型壓製廠巧遇了來自台灣的**鄭添福**，出身坪林種茶世家的他，在台北瑞安街有個**老字號茶莊「老吉子」**：早在1780年就開始種茶製茶，曾經勇奪坪林、阿里山等地製茶與茶葉競賽的特等獎無數；2006年參加在香港舉辦的「第六屆國際名茶評比」，也贏回了高山烏龍茶金獎，以及普洱茶銀獎等兩項殊榮。

　　當時，鄭添福正要驅車前往班章，我也徵得他同意後隨行，得以一睹班章的廬山真面目。

　　班章是位於布朗山的一個老寨子，從勐海縣城經往打洛的公路上往南，約莫60公里的車程，但路況不佳，過去鮮少有外人進入，且每逢下雨就會因道路崎嶇而與外界隔絕，反而有幸保留了完整的大葉種古茶樹與原始森林並存的良好生態。

　　儘管班章包括了「老班章寨」與「新班章寨」兩個地方，但一般來說，**「班章茶」通常指的是老班章**，與相隔7公里崎嶇道路之遠的新班章有所區分。

　　班章茶山海拔約在1600～1800公尺之間，目前行政區隸屬於西雙版納傣族自治州勐海縣布朗山鄉，

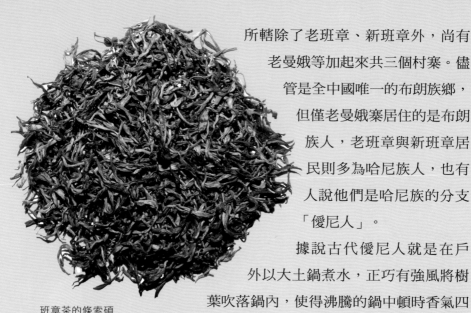

班章茶的條索碩大、白毫顯著。

所轄除了老班章、新班章外，尚有老曼娥等加起來共三個村寨。儘管是全中國唯一的布朗族鄉，但僅老曼娥寨居住的是布朗族人，老班章與新班章居民則多為哈尼族人，也有人說他們是哈尼族的分支「優尼人」。

據說古代優尼人就是在戶外以大土鍋煮水，正巧有強風將樹葉吹落鍋內，使得沸騰的鍋中頓時香氣四溢，飲之則苦中帶甜且十分爽口，從此才發現了茶樹，並將樹葉稱為「老拔」廣為種植。

布朗山南部與西部與緬甸接壤，屬南亞熱帶高原季風氣候帶，冬無嚴寒，夏無酷暑，一年只有旱、雨季之分，雨量充沛，土地肥沃，有利於茶樹的生長和養分積累，使得班章茶擁有茶氣足、茶質好等諸多優勢，其中又以老班章的明前春尖茶表現最佳，由於是頭波茶，不會有木質化現象。至於清明過後，茶菁的數量雖較多，但往往會逐漸產生黑條現象，白毫愈不顯著。

鍋巴味與煙燻味

老班章寨子的春茶季節，天氣大多良好，茶農從上午開始採茶，在中午返家用飯時帶回，為了不使受悶而影響品質，大多將茶菁攤開堆放在屋內竹席上，

下午繼續採茶直至傍晚返家，再將全部茶菁一起放進鐵鍋炒菁。

與其他地區寨子不同的是：當地哈尼族竹樓大多未設煙囪，也沒有較為講究的爐灶，廚房內僅有石壘砌成的簡單爐灶，甚至臨時以三角鐵架堆疊升火，因此濃煙迅速瀰漫整個室內，炒茶人被燻得淚眼汪汪而不斷逃離現場的狼狽模樣可以想見。再加上鍋小而茶菁量多，**茶菁不易翻轉，使得帶有「鍋巴味」的毛茶，成了班章茶唯一的瑕疵，卻也是辨識班章茶最明顯的特徵。**有些茶商認為那是特有的「煙燻味」，其實是不對的。

另外也有人質疑，當地哈尼族婦女普遍以手伸入鍋內炒茶，從未使用鍋鏟或樹枝等輔助器具，可見鍋內的溫度應該不超過攝氏80度才是。但鄭添福表示，儘管以簡單的木材為燃料，但熊熊烈火所造就的溫度少說也有150～160度，與機器殺菁的溫度相較，當然不致太高，卻因此必須比機器殺菁所用時間稍長，約10分鐘左右。婦人膽敢徒手炒茶，全是因為掌握了足夠技巧才不至於燙傷，看倌可千萬別貿然嘗試。

曬菁毛茶經壓製為青餅後，必須先在室內陰乾一天，隔日在太陽下再曬一日才大功告成，因為影響普洱茶最重要的因素在於「陽光、時間、濕度、溫度」，陽光尤其重要。

班章的優尼族婦女在無煙囪的屋內以石堆爐灶徒手炒茶（鄭添福提供）

班章茶的轉化速度快，由左至右依序為老吉子班章茶餅2007、2006、2005、2004年的湯色變化。

鄭添福表示，茶樹年齡與生長環境決定了茶的品質，也稱做下班章的老班章，住了約一百多戶僾尼族人，古茶樹則分佈在寨子周圍和寨子中，茶園與森林共生，茶樹粗大且年代久遠，樹齡從數百年至千年以上都有。

因此目前布朗山鄉的茶葉就以老班章茶的名氣最大，茶質也最好，由於條索較粗長、茶氣足，山野氣韻強、湯質飽滿，長久以來即有「澀盡七分香，苦退十日甜」之說。

從老寨遷出而建立的「新班章寨」也叫上班章，距老班章約7公里山路。據說唯恐「易武的茶，拉進去的比拉出來更多」的笑話在當地重演，因此從2006春天起，村民特別架設柵欄在路口全天候值班檢查，嚴防外地茶葉流入，以保證班章茶的質量與名

聲。

至於海拔1200公尺的老曼娥則距離新班章約10公里路程,住有一百多戶、居民700多人,茶樹分佈在寨子周圍,茶品苦澀較重但轉化速度快。

鄭添福說,**班章的手採茶一直是標準的一心兩葉,不僅外型漂亮,加上手炒手揉,炒菁後毛茶十分厚實**,可說「泡淡有滋味、泡濃好入口」,新茶微苦但不澀。由於賣相好,據說許多明星品牌多拼配做為「鋪面」之用。

其實位於「普洱母親之河」瀾滄江江南的班章,最大特色在於絨毛茶,嫩芽部分碩大,一般來說白毫較六大茶山的江北茶顯著,條索也較厚實。

鄭添福說,老班章的大樹茶具有大葉種野生野放茶的特徵,產量很少,過去全年約僅二、三十噸的產量,但茶品口感特殊,最大特色在於新製成的青餅當

新班章是從老寨遷出建起來的寨子(鄭添福提供)。

老吉子2006年勇奪第六屆國際名茶評比銀獎的班章喬木古樹茶。

下即可品飲，而茶品的茶多酚含量比例也非常高，據說可抑制心血管疾病。

不過，由於各地茶廠普遍要求細白、質嫩的條索，近年來當地茶農為求得更好賣相，除了殺青攤涼後置於簸箕內以手工揉捻外（少數人家使用半自動揉捻機），為了使條索更加細嫩，還會在次日曬青後，繼續於中午再揉捻一次。雖然，因此賣得更好價錢，但如此過度揉捻卻也傷害了茶湯的本質，因為重度揉捻的茶品，出湯較快、湯色混濁，香氣也相對減弱，原有的高山靈氣也會流失。

有人說老班章茶樹因有其他林木遮蔽，日照的時間與層面較少，因此茶湯較為甜美，且轉化速度快，存放一年湯色就會轉紅，苦澀也會明顯降低。

為了證明說法的正確性，我特別要求鄭添福將2004～2007年四種不同年份的老吉子班章青餅一字排開，以每樣3公克的標準秤重沖泡，讓我比較逐年轉化後的口感與喉韻，並檢視不同的湯色表現。

從餅面來看，發現2004年條索的白毫最為明

顯，以後就逐年減少。鄭添福解釋說，由於全球溫室效應影響，氣溫年年升高，嫩葉開面的速度加快，使得雲南各地茶菁的白毫愈不明顯：2004與2005年時的芽較嫩、芽頭多，不僅耐泡，茶質也顯得較為霸氣，回甘迅速、持久；到了2006年以後，葉芽生長速度較快，茶湯的表現較潤，且帶有些許的梅子香。

四杯茶湯的顏色則從金琥珀、橙色、深橙色至暗橙色，每年均有顯著的變化，但韻味均十分豐富且葉底肥厚、樟香明顯。其中2005年的茶品經過近3年的轉化，表現最為霸氣，茶湯也最為滑順，突出的茶氣與口感堪稱四年之中最佳，甚至還勝過2004年的茶品。

究其原因，鄭添福的推論是2004年時，自己人生地疏，茶品係委由附近茶廠以機器壓製為200公克；2005年後才改為手工石磨壓製的標準375公克。有鑑於此，我們取出2004年未壓製的毛散茶，沖泡再試，滋味果然大不相同。

老吉子2005年班章喬木古樹茶的表現最為霸氣。

老吉子完全依循古法的筒包極為精緻，
外包紙圖像為名畫家戚維義作品。

至於2007年的茶湯最
為飽滿，則是因為是年春
季枯水期長，葉芽生長稍
緩慢，累積在茶樹上的養
分較多，因此茶氣強、滋
味也較濃郁，再加上，在
壓製過程中已費心將鍋底
毛茶逐一篩檢剔除，鍋巴
味就沒有那麼強烈了。

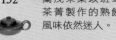

蘭茂茶業以班章
茶菁製作的熟餅
風味依然迷人。

藏茶資訊

◎老吉子茶莊（鄭添福）：台北市大安區瑞安街180巷5號
　電話：（02）2702-8512
◎蘭茂茶業（康偉、康彬）：昆明市春城路14號
　電話：（0871）312-8518

10. 萬畝千年古茶園──景邁

在已流傳千年的布朗族典籍《奔悶》中，曾詳細地記載了先人叭岩冷種植茶園的一段史實，「叭岩冷」是漢字注布朗語音名，「岩冷」是人名，「叭」是古代傣王統治制度中一個官階很小的官名，應是傣王任命的管理芒景山頭幾個寨子的「頭人」。

經現代學者考證，古濮人是瀾滄江流域的原住民族，也是全球最早使用茶資源的民族，更是今日佤族、布朗族與德昂族的祖先。約在中原的唐朝時期，布朗族的首領岩冷帶領族人在瀾滄江沿岸輾轉遷徙，最後落腳在芒景山上，不僅為野生茶樹進行人工移栽與培植，並採摘果實帶回村寨附近種植，把「野茶」馴化成了「家茶」，留下了景邁萬畝古茶樹群落。

叭岩冷，也因此成了世界茶文化史上留有遺跡、且有據可考的種茶始祖。

叭岩冷在留給後代子孫的遺訓說：「留下金銀財寶終有用完之時，留下牛馬牲畜也終有死亡的時候，唯有留下『臘』種，方可讓子孫歷代取之不竭、用之不盡」。

在布朗族語中，「臘」即為茶葉，而佤族人則稱「緬」，久而久之「臘緬」就成了所有雲南少數民族對茶葉的統稱。

芒景緬寺功德碑的傣文記載，證實景邁古茶園已有1300多年的歷史。

景邁萬畝古茶園號稱「世界古茶園之最」。

芒景古茶樹環抱的傣族村落。

此後凡有布朗族聚居的地方必然種有茶園，叭岩冷的睿智遠見不僅庇蔭了後代子孫，也為源遠流長的茶文化奠定了厚實的基礎。古老的布朗族《祖先歌》也說：「叭岩冷是我們的祖先、我們的英雄，他給我們留下竹棚與茶樹，是他給我們留下了生存的拐棍」。每年六月初七，瀾滄縣芒景、芒洪周遭五個布朗族村寨，都要共同祭獻叭岩冷，莊重的儀式沿襲至今從未改變。

叭岩冷留下的萬畝千年古茶園，就位於瀾滄拉祜族自治縣惠民鄉海拔1400公尺的景邁山區，今日普遍被譽為「世界古茶園之最」。但不同於九甲鄉千家寨的「野生型」古茶樹園，景邁山區的古茶園屬於「栽培型」的古茶樹群落，只是保存得最為完整罷了。

難能可貴的是，生生不息的景邁萬畝古茶園，始終為世居當地的傣族與布朗族按時採摘，做為祖先留下取之不竭的無窮財富。根據芒景緬寺木塔石碑的傣文記載，景邁山大面積所種植的古茶樹園區，始於傣

曆57年（西元696年），距今已有1300多年的歷史，
堪稱人類文化遺產的一朵奇葩。

萬畝古茶園由景邁、芒景、芒洪等村寨組成，古
茶樹與高大常綠闊葉林交錯生長，直徑多在0.1～0.3
公尺之間，少數且有0.3～0.5公尺，樹高2～4公尺。
以古茶園茶菁所產製的普洱茶，很早就用馬幫馱到普
洱府進行交易，且遠自元代起就銷往緬甸、泰國等東
南亞國家。

相較於現代茶園的大量使用農藥與化肥，甚至大
肆砍伐原有的樹木，古茶樹園千百年來卻從未施肥也
未曾除草，不僅造福周邊的少數民族，也一直與當地
的自然植物融合為一體，相生相息，並擁有數不盡的
野生天然藥草生長其中。更因為眾多的昆蟲與小鳥居
間採花蜜、傳花粉，使得古茶花具有特殊的香味，不
僅飽含各種天然藥物精華，也吸納
了千百年來天地間的靈氣。

在林立的野生古茶樹之間，經
常可見**狀似蟹腳的蕨類植物寄生在
茶樹上**，那就是千百年來一直與古
茶樹共生，作為中藥材清熱解毒的
「**螃蟹腳**」，屬石劜科，也是景邁
古茶園特有的自然奇蹟，更是植物
學家所嘖嘖稱奇的獨有現象。布朗
族人則習慣將其連同茶葉一起摘採
製成普洱茶，使得茶磚或茶餅更具
解毒驅熱的功效。

與千年古茶樹共生的螃蟹腳，據說具有清熱解毒的功效。

景邁萬畝古茶園
內的古茶樹高度
多在2～4公尺之
間。

2003年春天，當台地茶價格遠高於古茶樹，當村民每每為了多種一公斤16元的台地茶，而不斷砍伐古茶樹的時候，**來自美國101公司的蔡林青**，為了疼惜人類珍貴的自然遺產，不惜以每年22萬人民幣的代價，攬下古茶園的經營使用權，但這並不表示就可以隨意摘採，仍須以原本10倍的保證價格向當地農民收購古茶樹茶菁。

當時SARS非典型肺炎正肆虐兩岸及整個東南亞地區，投資前途未卜，且一年連同收茶要花上200多萬人民幣，還不包括建廠的費用。在品飲古樹茶風氣尚未打開、普洱茶尚未在中國造成熱潮，且任何人都可以悄悄上山任意摘採的當時，蔡林青此舉無疑成了美國來的「呆胞」，更成為茶界普遍流傳的笑柄。

但「瀾滄裕嶺一古茶園開發有限公司」仍排除萬難在景邁成立。為了不負千年古茶園的美名，也為了去除國際上長期詬病的「臭脯茶」形象，公司完全採取**「有機食品」**的嚴苛標準：從茶葉採收不落地，廠房一律穿戴防護衣、帽、鞋套、口罩方可進入的控管，到生產過程、採用古法石磨蒸壓，炒菁使用天然氣，以避免木柴或炭火造成污染、破壞環境生態。甚至連內飛與外包茶票紙都要求「食品級」。

為了留下老葉進行光合作用，蔡林青嚴格要求農

民：收購的古茶樹茶菁，只能摘取樹梢頂尖的嫩葉，以避免折下老葉而影響老樹的正常生長。另外，為了擔心採春芽而導致古茶樹的死亡，公司堅持不出品春尖茶。

由於景邁山區台地茶與古茶園共生，為了避免農民以台地茶混充，公司也設下四道手續來檢驗茶菁：用眼睛看、用手感覺、用口咬，再折碎用開水沖泡，並使用檢驗劑。30分鐘即可測出是否魚目混珠，因此蔡林青自豪地表示，裕嶺一所產製的普洱茶原料全都來自千年古茶樹，絕對品質保證。

果然，投產後第二年就陸續獲得先進大國的有機認證，包括歐盟EU2092/91有機茶認證、日本JAS有機茶認證、美國NOP有機茶認證等，2007年再取得中國認證，**成了目前全球唯一榮獲四大國際有機認證的普洱茶。**

茶品大多外銷，包括日本、美國、歐洲、台灣、香港等地。直至2005年才開始內銷，並擊敗其他茶類，榮獲2005年在南京舉行的「中國第10屆全國運動會」唯一指定茶品。

景邁古茶樹的特點在於茶的香味獨特、苦澀低，由於是**栽培型的喬木古茶樹**，早已經過先民不斷的馴化，因此所

裕嶺一古茶園公司設於景邁茶山的茶廠。

緊壓後的圓茶必
須自然陰乾而非
加熱乾燥。

產製的青普新茶不
僅能夠長期收藏陳
化，也可以立即品
飲而不苦澀，才能
受到「買茶即飲」
價值觀根深蒂固的
老外普遍歡迎：對
於大多數的外國人
來說，買茶要放上數十年才能品嚐，根本不符經濟原
則！蔡林青更補充說「一個茶品如果要存放數十年才
能品飲，就絕對不是好茶」。

　　由於堅持自然、有機、品味，且所有工序在衛
生的要求下又必須完全遵循古法：石磨緊壓每天最多
400片圓茶；曬青毛茶也要放上一年後再進行蒸壓的
工序；做好的茶餅還得採自然陰乾方式而非加熱乾
燥。因此，年產量至今不過30公噸而已。

　　蔡林青並強調，由於他已全然取得古茶樹群落的
摘採權，**因此從2003年4月以後，任何以景邁千年古
茶樹為號召的普洱茶「非偷即盜」，或必然是贗品。**

　　蔡林青的堅持也表現在建廠的態度，很難想像在
人煙罕至的景邁山區，現代化、標準化的800多平方
公尺（約250坪）廠房，比任何都會區的茶廠都來得
漂亮、嚴謹，加上4000平方公尺（約1200坪）的環
保型配套加工場地，規劃設計處處可見他的用心，例
如廠內牆與地之間不見任何直角，一律採弧形轉折，
他說這樣才不致有清潔上的死角，也不會積累落塵。

由於景邁茶山僅有的螃蟹腳奇貨可居，市面上許多茶廠以麻栗樹寄生的螃蟹腳混充，且大剌剌地以「螃蟹腳千年古茶」之名包裝銷售，讓中藥店原本稀鬆平常的麻栗樹螃蟹腳也頻頻告急缺貨，令人啼笑皆非。

事實上，800歲以上的景邁古茶樹才會長出螃蟹腳，節較小、較短、較軟、較細，口味帶甜、纖維較軟，最長約有30公分；麻栗樹則300年以上就會長出螃蟹腳，但節較大、較長、較硬、較粗，口味帶苦，最長可達70公分。二者無論外觀、色澤、滋味都全然迥異，兩者的價差尤大。

蔡林青表示，又名「麒麟草」的古茶樹螃蟹腳會吸收茶樹的精華，造成生長螃蟹腳的樹幹不易長出茶葉，因此仍須有計畫地採摘。目前將螃蟹腳取名為「古茶綠寶」外銷美國，在僑界甚受歡迎。除了傳統

裕嶺一茶廠2004年出品的螃蟹腳古茶紀念餅深受市場青睞。

麻栗樹螃蟹腳
（左）與景邁
古茶樹螃蟹腳
（右）明顯
不同，製出的
圓茶也完全迴
異。

上認定的清涼解毒、降低血脂與高血壓等功能外，最
近經科學研究院實驗證實，對腎炎也有一定的幫助，
並具有防癌的效果。

螃蟹腳，可與千年古茶或其他茶葉一起沖泡飲
用，其中，生普新茶加上螃蟹腳一起沖泡，還可降低
苦澀味。因此2006年也因應市場需求，以螃蟹腳加
古樹茶的方式，推出新一代紀念餅。

加上了螃蟹腳的2006年紀念餅，果然在濃郁的
山頭氣之間略帶藥香，飲之醇厚回甜，但湯色仍保持
景邁山茶一貫的橙黃明亮。細看夾雜螃蟹腳的葉底，
則在肥嫩深綠之間透出泛黃，就與一般大葉青餅全然
迴異了。

近年由於普洱茶價高漲，優質茶菁奇貨可居，

第三章　近代明星茶區藏茶

尤其景邁古樹茶已成為市場新寵兒，裕嶺一公司所生產的各種圓茶、金磚等幾乎供不應求，使得原本許多看笑話的茶廠茶商，頓時從嘲諷轉為佩服他的睿智遠見，但更多接踵而至的卻是來自四面八方的覬覦與中傷：有到處放話表示古茶樹園遭到破壞者、有造謠分化說政府有意收回經營權者，更有流言指出公司已轉讓股權予某大財團等，令蔡林青頗為困擾。

事實上，近兩、三年來，超過百歲以上的古樹茶菁不斷翻漲，各地皆傳出過度採摘或為搶收茶菁而嚴重影響古茶樹生態的情事，**唯獨蔡林青以美國公司一貫守法且保護生態的精神，將古茶樹群落妥善維護，**否則根本無法持續取得歐美先進國家嚴苛審核的有機認證。

2007年我與多位台灣新聞界友人同赴各茶山考察，在看過其他茶山慘遭肆虐的亂象後，均一致認為，若非有現代化的企業長年在此守候，景邁山今天不知會變成何等模樣。

至於政府有意收回與股權轉讓的問題，蔡林青斬釘截鐵表示絕無此事，他激動地取出合約，上面清楚註明「美國101公司與中國雲南瀾滄縣人民政府簽訂，對景邁山千年萬畝古茶園進行保護與開發，同時依法註冊成立外資獨資公司。本公司致力於自然

裕嶺一茶廠
2004年推
出的千年金
磚。

為了防止仿冒，2007年的金磚特別加壓了防偽凹印商標。

環境的生態保護，有機食品的開發利用，以及觀光旅遊事業的促進和發展」。

蔡林青表示當初不惜代價為守護珍貴茶文化遺產而來，怎可能半途而廢或中途離去？所謂謠言止於智者，消費者大可不必隨之起舞。

蔡林青於2003年秋天生產的首批「**谷花青餅**」，歷經4年的轉化已頗為柔順，強烈的山林之氣轉為濃郁的幽香，散發飽滿的活力。其滋味則醇厚帶甘，原有的青澀瞬間去化；至於2004年採集千年以上老樹最優質茶菁，所分開處理壓製而成的「**千年金磚**」，香氣較純和帶山頭氣，滋味明顯濃稠微澀，橙黃濃亮的湯色活性特佳，確能輕易達到「兩頰生津、甘醇爽口」的境界。

此外，為了與國際接軌，搶攻歐美市場、年輕族群以及上班族，裕嶺一特別推出**有機「原片」普洱袋**

裕嶺一茶廠2003年谷花青餅與2008年限量生產的「藏茶」。

泡茶，以高溫殺菌且環保的透明薄紗立體袋，置入完整原片的2公克曬青普洱散茶，可以即沖即飲，沁人心脾的天然香氣頓時溢滿室內，茶湯入口也能生香飄逸、回甘無窮，整體表現並不遜於一般青餅。

裕嶺一推出的有機普洱原片袋泡茶搶攻歐美及年輕族群。

藏茶資訊

◎瀾滄裕嶺一古茶園開發有限公司（蔡林青）

工廠：瀾滄縣惠民鄉景邁山勐本

電話：(0879)752-2615、752-2538

普洱辦事處：普洱市思茅區環城南路37號茶葉交易市場B
棟14、15號

電話：0879-2311099

台灣門市：台北市內湖區康樂街136巷28號1樓

電話：(02)2633-6628

美國公司：46859 Warm springs Blvd.
Fremont,CA94539(小臺北廣場)

電話：(510)623-9606、1-888-582-8828

網址：www.101tea.cn

天壁山（普洱山）

原清貢茶

（現雲南普洱茶集團）

古縣城（寧洱鎮）原貌

1887年法國
畫家路易德拉
波特所繪製的
普洱府城圖
（雲南普洱茶
集團提供）。

11. 重振貢茶古府輝煌——普洱

跟雲南省所屬的「西雙版納傣族自治州」、「大理白族自治州」等其他地州很不一樣，思茅從中共建國一開始就是個「地區」，直到近年普洱茶風起雲湧，受到全球矚目後，各地方政府無不卯足勁爭取普洱茶的主導權或歷史地位，思茅政府才積極運作，於2004年5月改制為「思茅市」，並登錄為「中國茶城」。

不過，僅僅將「地區」改制為「市」，似乎還無法讓世人清楚知悉，**思茅過去曾做為「貢茶古府」**的輝煌，因此短短3年不到，又向國務院爭取於**2007年4月改名為「普洱市」**。只是這個「市」未免也太大了，45000平方公里的面積，比台灣的36000平方公里還大上一些，下轄寧洱、瀾滄、江城、孟連、西盟、景谷、景東、鎮沅、墨江等9縣，以及原來由思茅市改為「翠雲區」、再改回來的「思茅區」。

改制為普洱市後，憑著陸續發現的豐富古茶樹群落資源，整個普洱市已迅速發展為大小茶廠林立爭鋒的最大茶產地，包括改制後的龍生集團、普洱茶集團、瀾滄茶廠，以及私營的王霞、思普、玥樹、興洋、瀾滄裕嶺一等大型茶廠。

事實上，原本普洱市下轄就有個普洱縣，全名為「普洱哈尼族彝族自治縣」，思茅改制為普洱市後，**原來的普洱縣改為「寧洱縣」**，至於**原來的縣城寧洱鎮則改為「普洱鎮」**：自古以來即以普洱茶的重要產

第三章
近代明星茶區藏茶

地和集散地聞名中外,在明清兩朝時,更是向朝廷進貢普洱茶的「**普洱府**」所在地。當時的思茅、西雙版納以及境內的六大茶山、易武等茶產區,均隸屬於普洱府。

　　今日普洱茶之所以稱「普洱」茶,正因過去所有經普洱府運往京師、西藏或內陸各地的茶品,均冠以「普洱茶」為名的緣故。

　　「普洱」是不折不扣的古地名,源於當地哈尼族語,「普」為寨、「洱」為水灣,普洱即「水灣寨」的意思;近代學者並已考證發現,「普洱」一詞原本指的是「普洱人」,源於今日布朗族、佤族、德昂族等,應是全球最早種茶的先民「濮人」的泛稱。

　　早在明神宗萬曆年間,朝廷首在普洱縣設官管理茶葉貿易;清朝順治18年,光是從普洱運銷至西藏的茶葉就有3萬馱之多;清朝雍正年間,開始在普洱設置官茶局與貢茶茶廠,選取最好的原料產製團茶、散茶與茶膏入貢京師。

　　根據《普洱縣誌》記載:咸豐年間即有20幾萬人從事茶業;至道光、同治年間,普洱府城內外有商家三百餘,茶莊六、七十家,茶葉年銷售量達570噸。當時著名的商號有協太昌號、同心昌號、福美祥號、元盛號、榮和昌號、廣興隆號等,其中尤以「猛景號」茶莊最負盛名。

　　可惜的是,今天除了猛景號還留有極少數的「末代緊茶」出現外,其餘商號均未留下任何茶品或建築的蛛絲馬跡。而昔日繁盛的普洱城更早已拆除,不僅

普洱縣城的哈尼族少女。

普洱縣山腰上的普洱茶廠可追溯到1729年建立的清朝貢茶廠。

清代最早的貢茶產地板山高大的野生古茶樹（雲南普洱茶集團提供）。

早年車馬喧騰的「茶馬互市」遺跡不在，當年的「官茶局」也早為今日工商銀行幢幢樓影所取代。唯一能見證舊時輝煌、供後代茶人憑弔的，只剩下今日座落鳳新街頭的「文昌宮」了。

1886～1888年間，**兼具畫家身分的法國海軍軍官路易‧德拉波特**，受法國海洋及殖民部指派，參加了湄公河及其上游瀾滄江的探險考察，於1887年以現代鳥瞰加透視的精準技法，繪出了當時普洱府城與周邊的全貌。此圖不僅讓現代人可以藉以還原普洱城當時繁盛的風貌，也繪出了清朝當時普洱貢茶廠以及今日天壁山的精確位置。

儘管普洱府昔日輝煌不在，但1729年建立的清朝貢茶廠至今卻能一路傳承：從創立於1975年4月的國營「普洱茶廠」，至本世紀初改制為民營，並於2004年由香港長泰實業公司收購的「雲南普洱茶集團」，其薪火相傳的普洱製茶工藝從未間斷。

我曾於2001～2002年間數度前往普洱縣城，當時普洱茶在雲南幾乎乏人問津，縣城根本嗅不出一丁點兒作為貢茶古府的氣息，就連基本的茶莊或茶行都難得一見。然而，普洱茶廠卻依然屹立在突出稜線的山腰上，讓同行的許多台灣茶人都感動萬分。

2005年再度造訪，短短幾年光景，普洱茶已然再度成了雲南的全民運動：原本沒落寂寥的小鎮又恢復了昔日的生氣，不僅私人茶廠群雄並起、茶莊林立，茶葉批發市場也赫然出現在車水馬龍的省道旁；

早已淹沒在荒煙蔓草之間的一條條茶馬古道，又紛紛
立起了石碑註記。

　　普洱茶廠早先以生產加工普洱散茶，作為調供省
茶葉進出口公司出口，改為雲南普洱茶集團有限責任
公司後，**以「普秀牌」為註冊商標**，所產製的各種茶
品在市場上都頗具口碑、屢獲大獎。

　　今日董事長鄭炳基且信心滿滿，以「興天下普
洱、立百飲之冠」為矢志，重新擦亮「普洱貢茶廠」
的金字招牌，重振貢茶古府輝煌。

　　至於有人說當年普洱府僅為普洱茶的「集散地」
而非「產茶地」，其實是嚴重扭曲事實。根據學者考
證，過去產於普洱縣稀有的貢山茶、人頭茶，就是明
清兩代貢茶的首選，被歷代皇帝視為異珍，稱為「諸
茶之首」。

　　寧洱縣地處無量山餘脈與西南部中山寬谷的過
渡地帶，年均溫為攝氏18.1度，終年無雪，年平均降
雨量1398公釐，氣候溫暖，不僅日照充足且雨量充
沛，自古即有豐富的茶產量，並見諸《普洱縣誌》登
載：在縣城東北的白草地梁子，就有萬畝半栽培型古
茶樹群落，其中把邊鄉境內有8100多畝，鳳
陽鄉寬宏村困蘆山有1900多畝；在勐
先鄉板山附近的雅鹿村也有野生茶
樹林，包括小高場茶樹林與茶山箐
頭的大茶樹群落等。另外，在板
山野生茶樹林附近，也有6萬畝的
現代灌木型茶園。

雲南普洱茶
集團2007年
春天產製的
板山春青餅
圓茶。

寬宏村困蘆山至今仍完整留存的栽培型喬木古茶樹林。

　　坐落無量山餘脈的**寬宏村困蘆山**，遺留了諸多栽培型的百年喬木古茶園，大多為上百年的老茶樹，其中超過200歲的茶樹更有20多株。

　　板山則是清代最早的貢茶產地，鬱鬱蔥蔥的茶園滿佈山間，小干箐更有棵1700多歲的古茶樹，被譽為普洱的茶王樹。原始茶樹林和現代茶園並存，構成了普洱茶的自然博物館。

　　清朝普洱茶市的形成，為何不在易武或其他茶產地而在普洱？有學者大膽推論認為：除了普洱本身也產茶外，縣內所轄的**磨黑鹽礦**也是重要因素之一。

　　磨黑古鎮自雍正3年（1725）起，就一直是產鹽的重鎮，名列雲南四大鹽礦之一，所產的食鹽名聞遐邇，名滿天下的宣威火腿就是以磨黑鹽所醃製。而鹽與茶一向是茶馬古道上最常見的貨物，所謂「鹽茶相伴」，古代馬幫通常把茶駄運出去，再將鹽、藥材等日常用品運回，是當時運輸成本最為節約的方式。

　　由於雲南深處內陸邊陲，海洋遙不可及，周邊茶

山居民的食鹽幾乎都仰賴磨黑供給，據說當時除了牛羊皮張外，換鹽的大宗商品就是茶葉。

　　緊鄰的普洱鎮即因掌握鹽茶互市地利之便，造就了「滇南之茶均集散於普洱府」的盛況，正如古籍所描述的「蠻民雜居，以茶為市，仰食茶山」，尤其自清朝道光年間至光緒初年（1821～1875），商賈雲集普洱境內，每年都有千餘名藏族商人來此買茶，而遠自印度、緬甸、錫蘭、暹邏、柬埔寨、安南等地商

磨黑古鎮因製鹽而曾經繁盛一時。

普洱茶集團位於大黑山的茶園（雲南普洱茶集團提供）。

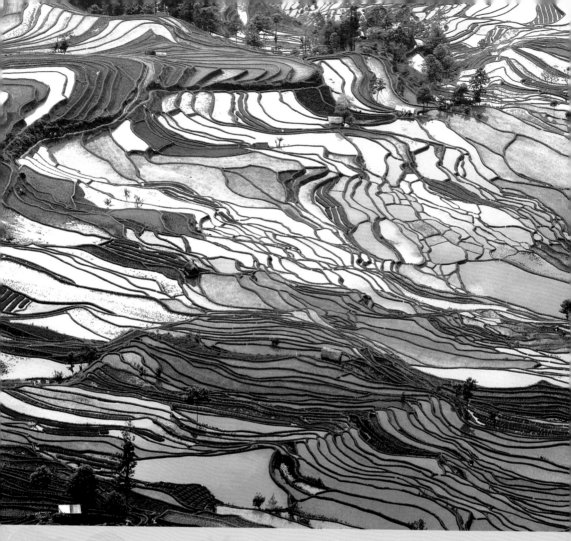

人往來也絡繹不絕。

　　普洱縣的哈尼族向以「土鍋茶」的品飲方式聞名，據說哈尼族是世界上最先栽培茶葉的民族，而世界上第一杯茶則是哈尼族的「土鍋茶」，在支系優尼人口中則稱作「繪蘭老潑」。其實就是承襲了在烘焙機具尚未發明以前，先民一直沿用至今、最簡單的烘焙方式，將原本苦澀的普洱生茶轉化為甘醇入口佳茗。哈尼族人通常將土鍋架到火塘的鍋樁石上，待

水燒開，加入精心揉製的茶葉，煨煮三、五分鐘後將土鍋端離火塘，就可以直接飲用幽香撲鼻、色澤金黃的土鍋茶了。

普洱縣的少數民族以哈尼族與彝族為多，與納西族、拉祜族等其他民族同源於古代的氐羌族群。除了擅於種茶外，哈尼族也擅長巧妙地利用山形和水勢，開墾種植水稻的梯田，**紅河州的元陽就是以壯闊的梯田奇觀聞名於世**，讓中外攝影家絡繹不絕。另外，從普洱縣城前往困蘆山的路上，山腰也經常可見有如外星圖騰般的梯田，也是普洱哈尼族人的傑作。

哈尼族人在元陽創造了全球最壯觀、有如外星圖騰般的梯田。

普洱鎮哈尼族傳統的土鍋茶品茶方式。

◎普洱茶廠/雲南普洱茶集團（鄭炳基）：普洱市寧洱縣西門龍潭
電話：0879-3209888
網址：www.puercha.com.cn

12. 無量山下好鳳凰——
南澗與巍山

提到沱茶，大家總會聯想到下關，其實長久以來，同屬雲南省大理白族自治州的南澗，也是歷史悠久的沱茶之鄉。**大理南澗茶廠**是80年代以來的沱茶大廠，所產製的**「鳳凰沱茶」**儘管生、熟皆有，但大多仍以熟沱為主。而包裝上的一對鳳凰，隨著不同時期生產的茶品，還可分為雙眼皮、單眼皮、雙眉加三發等。

南澗茶業公司的「土林」牌老字號鳳凰沱茶。

南澗彝族自治縣，隸屬於大理白族自治州，位於下關南方約100公里處，屬於無量山脈北麓。無量山是雲南著名大山之一，為國家級的自然保護區，有「小黃山」的美稱，處於哀牢山橫斷山系與雲貴高原兩大地理區域的接合部。

南澗在唐朝時屬南詔銀生府管轄，《唐書》曾稱南澗茶為「銀生茶」，假如學者所推論的「銀生茶為普洱茶前身」屬實，南澗也可列入普洱茶發源地之一了。

在海拔1700～2400公尺的無量、哀牢群山之間，南澗即擁有98萬畝獨特優勢的茶園分佈。在這數萬畝的茶山上，大大小小的茶園與天然森林隔離帶相依相隨，且遠離城鎮，生態環境從未受到污染，所孕育長成的茶葉持嫩性佳、葉質柔軟，也是南澗茶獨有

的風味。

南澗茶廠：於1983年底設立，由原下關茶廠黨委副書記**林星雲**創辦並擔任廠長；於1985年開始生產「**土林牌**」鳳凰沱茶。

1997年後私營茶廠興起，流通於市面的新品鳳凰沱茶也開始百花齊放。目前市面所見有出於南澗縣白岩河的南澗茶廠，也有出自彌渡縣的南澗茶業公司，至於10公斤特大的「**鳳凰第一沱**」，則來自汪俊仲於2005年7月，在南澗縣城小紅橋成立的雲南鳳凰生態茶廠。另外，更有來自林星雲長女林麗君所創辦的雲南大理林氏茶廠。

今天南澗縣內大小茶廠生產的沱茶，幾乎全都以鳳凰為商標，只是鳳凰中間的字樣不同，其中以早期南澗茶業公司（即前大理南澗茶廠）的土林牌老字號最為常見，此外還有「俊仲」、「鑫鳳凰」、「古德」等，代表著不同廠商所生產的鳳凰沱茶。

南澗鳳凰沱茶廠出品的「鑫鳳凰」沱茶。

鳳凰生態茶廠的「俊仲」鳳凰沱茶。

至今仍完整保留
明代風貌的巍山
古城。

　　巍山彝族回族自治縣，介於大理與南澗之間，同樣隸屬大理白族自治州，不僅有豐富的茶產業與歷史悠久的染布業，數百年來更在茶馬古道上扮演了重要的角色。

　　巍山古城，原為古代南詔國的都城，直至今日不僅完整保留了明太祖洪武23年（1390）的城池風貌，其「棋盤式格局、方整如印」的城市格局也依舊可見，城內的絕大部分民居更大致保持了明清兩代的歷史原貌。

　　與其他古驛站不同的是，巍山縣還處處可見茶馬古道的遺跡：風華絕代的鐵索古橋、 茶馬古道石碑、幢幢過街樓包圍的斑剝木橋等，見證了馬幫商隊繁忙過往的輝煌。

最令我感到驚奇的，縣城內至今仍可找到訂製或
販售馬鞍馱架的老舖子、手工打造馬蹄鐵的鼓風爐。
青石板鋪就的古街道上，還經常能與達達馬蹄不期而
遇，甚至看見趕馬人在路旁抬起馬腳、大剌剌為馬兒
修補馬蹄的畫面，堪稱是「活著」的
古蹟重鎮了。

巍山古城內處處可見茶馬古道遺跡。

中國經濟改革開放以來，由於大
理古城觀光客較多，許多人喜歡購買
作為特產的扎染布，因此多誤以為扎
染布產於大理，甚至跟當地白族劃上
等號。其實，真正的扎染布，來自被
中國文化部命名為「中國紮染藝術之
鄉」的巍山：遠從西元七世紀的南詔
時期，就流傳下的彝族扎染**「染采紋
秀」**，正是當地最著名的特色之一。

更換馬蹄鐵是趕馬人每日的重要功課。

從《南詔圖傳》人物的衣著服
飾來看，千百年來，彝族萃取各種植
物汁液成就的「草木染」，結合了民
族圖案與民族服飾，曾經在盛唐時期
一度成為民間時尚，甚至成為貢品。
今天不僅作為服飾、桌幔、壁掛、方
巾、布包等用途，近年也隨著普洱茶
的風雲再起，廣泛地被用作圓茶、茶
磚、沱茶的包裝，以及茶藝使用的茶
席、茶巾、杯墊等。

儘管地大物博的中國許多地方都

巍山縣的工匠正為歇腳的馬幫打造馬蹄鐵。

同時也是回族自治縣的巍山經常可見回族青年。

穿著傳統服飾的彝族婦女。

有扎染，但巍山的扎染卻獨樹一格，從早期的小型作坊發展為今天的十餘家大廠，其中又以茶馬古橋旁、建於1994年的「興巍扎染廠」最為著名，2007年我為了尋訪茶馬古道的遺跡前往巍山，彝族音樂家友人劉光秦就不斷推薦，要我務必前往造訪。

走進宛如電影場景般的染場，眼前所見盡是一座座被藍色浸透的巨大木造染缸，從天井射入的陽光輝映在排排掛滿的染布上，木造紡織機具在彝族婦女靈巧的操作下發出古老的聲響，讓我彷彿回到30年代。

深入探個究竟，天然純樸的麻、棉、絲綢原料浸潤在傳統的草木染料間，創辦人熊文傑甚至還研發了水果如柿子等染料，再以古木織機利用經緯紗線的編排，創造出繽紛綺麗且散發草木水果清香的工藝產

藏茶資訊

◎俊仲茶業（汪俊仲）：南澗縣振興北路小紅橋2號
電話：0872-8528888
◎興巍扎染廠（熊文傑/郭麗珍）：巍山縣南詔鎮西路218號
電話：0872－6120680

品，讓人不自覺沈浸在傳統與現代交織的時空。無
怪乎產品能夠遍銷世界各地，包括日本、韓國、歐美
等。

興巍扎染廠創辦人熊文傑以
彝族傳統烤茶招待賓客。

巍山彝族婦女以傳統方式織布扎染。

以興巍扎染產品排出的
茶席豐富繽紛。

13. 馬來西亞的普洱茶熱
——大馬倉

2005年起,普洱茶在中國雲南首度颳起一陣投資熱潮,並迅速漫延至全國各地發燒;這一股普洱茶旋風,也悄悄在馬來西亞華人社會吹起,跟中國大陸一樣在2006～2007年達到最高峰。

儘管中國在2007年7月,由於市場過度膨脹而出現「盤整現象」,卻未對大馬造成太大影響。在全球經濟因石油危機而普遍顯得低迷的同時,盛產石油的馬來西亞經濟成長率與國民所得,反而逆勢持續攀升,不僅讓普洱茶交易市場依然熱絡,更吸引大陸與台灣茶商不斷地陸續湧入,期待在大陸市場逐漸退燒之後,得以在大馬找到新的希望。這種現象一如1990年代中期,台灣宜興壺曾一度崩盤,卻很快在大馬找到第二春一樣。

全球首創的普洱茶基金

近年來,「大馬乾倉」普遍受到各地茶人的肯定,更使得大馬普洱茶市場充滿新的契機:馬來西亞由於靠近赤道,長年炎熱如夏,年均溫在21至32攝氏度之間,平均濕度介於60至80之間,常年處於恆溫恆濕的穩定狀態,因此被認為對普洱茶的存放具有「陳化快、品質優」,以及茶味「自然真醇,韻足氣厚」的加分效果。

當地茶人普遍認為,大馬可以吸收更多的茶葉來

存放，屆時再以優異的轉化品質，回銷至原產地中國大陸，甚至成為香港、台灣、新加坡、泰國、印尼、菲律賓等地的普洱茶集散中心。

在這樣的前提下，全球獨一無二的 **「普洱茶基金」**，果然在2007年10月於馬來西亞首度推出，讓其他地區遭逢崩盤效應而驚魂未定的茶人為之側目。基金由上市公司海鷗集團與KSC公司共同創設，經該國證券監督委員會批准，正式名稱為「普洱茶大馬倉基金」，預計規模為馬幣5000萬（約合台幣5億元），最低投資額為10萬馬幣（約台幣100萬元），且只公開予50名符合條件的投資者，投資期限三年，由海鷗集團負責執行普洱茶的採購、存儲和銷售事宜。

華人聚集最多的吉隆坡蘇丹街上林立許多茶行與茶館，圖為古典風格強烈的唐藝軒。

海鷗集團且表示，若三年投資契約屆滿後，市場價格未達預期，將按原價購回茶品，以加強投資者的變現能力及投資信心。與大陸台商早期「投資還本」的行銷策略頗有相似之處。

若非牌樓上馬來西亞國慶的字樣，麻六甲街頭還真會讓人以為身在台灣。

看好馬來西亞的市場大餅，以「八中」中茶牌標誌引領中國茶業數十年風騷的中茶公司，也於2007年在大馬首都吉隆坡設立了首間海外分公司，簡稱 **「中茶國際」**。董事經理符清嵐對大馬倉深具信心，認為大馬擁有「高溫度、高濕度、高負離子」等三高特色，符合藏茶的絕佳條件，假以時日，必能成為中國境外最大的普洱茶倉儲地。

大馬茶文化主流──茶藝中心

事實上，大馬華人大多為早期來自廣東與福建的移民，因此多半保有喝茶的習慣，茶文化歷史悠久。不過早先多以傳統鐵觀音及武夷岩茶為主，加上馬來西亞盛產錫礦，早年因應錫礦工人需要而大量進口的六堡茶，以及馬來人與印度人都能接受的本土金馬崙紅茶等，都是市場主流。

與台灣早年普洱茶大多來自香港的情形也有所不同，馬來西亞早在中國計畫經濟時代，就已直接從中國引進各種茶品，由大馬茶商公會所屬的大盤商（7家茶商組成，原本稱為『岩溪工會』，在新加坡尚未脫離馬來西亞獨立前即已成立）向中茶公司進貨，當初稱為「僑銷茶」，且需搭配六安茶、六堡茶其等他茶品。直至1990年代中國經濟改革開放後，才由各大小茶商自由進口，發展為今日百花齊放的璀璨局面。

話說馬來西亞人口與台灣大致相當：2500萬人之中，馬來人約1300萬人，華人僅約610萬（其餘為印度人等），大多集中在首都吉隆坡、檳城、麻六甲、怡保等地，其中喝茶的人口約三成左右，然而茶葉市場卻能維持穩健的成長，不能不歸功於當地「品茶」的主流──茶藝中心。

茶藝中心，係由早期的茶藝館蛻變而來，1990年代且深受台灣的影響：例如已發展為連鎖經營的「紫藤集團」，不僅公司名稱源自於台北老字號「紫藤盧」，且開辦成員幾乎清一色來自當年的「留台派」，即1980年代活躍於台灣各大名校的「大馬僑

生」，例如台大畢業的董事長林福南，政大畢業的蕭慧娟、許玉蓮、陳嬋菁等；另外，在1988年後另起爐灶開設「**鄉根茶藝中心**」創辦人之一的**邱如財**，也是1985年畢業於政大企管，新公司英文名甚至以台灣凍頂Tung Ting為名。

邱如財還發起成立「馬來西亞吉隆坡茶藝協會」，並不斷邀請台灣資深茶人如范增平、鄧時海等前往吉隆坡演講，並舉辦普洱茶印級與號級的品嚐會。

邱如財說1990年代初期，宜興壺在台灣發燒，無論老壺或當代一級工藝師等名家壺，價格都貴得嚇人，因此大馬少能引進。直至1996年台灣宜興壺大幅退燒後，自己才開始經營紫砂壺，還大張旗鼓邀請宜興工藝名師呂堯臣、呂俊傑、劉建瓶、吳群祥等，專程前往大馬舉辦壺展與講座，開啟了當地收藏茗壺的風氣。他頗為自豪地表示「紫砂一度在台灣死，卻在大馬復生」。

紫藤集團董事長林福南則認為，茶文化的傳播是紫藤創業的核心價值，而唯有豐富鮮明的文化特徵，才能在華人文化氛圍淡薄的馬來西亞，得到異族社會的認同。因此，紫藤想要創建一座平等溝通的平臺，把

紫藤集團經現代
茶馬古道從中國
運回的雲聘號圓
茶。

茶當作文化拓荒的一項事業。他表示紫藤在大馬的創
立與茁壯，正是中華茶文化在馬來西亞的本土實驗：
從1987年成立茶藝館，到1992年逐漸轉型為茶藝中
心，至2002年普洱茶的引領風騷，再到2003年大型
財團如海鷗集團、綠野集團的加入，在在印證了茶文
化已在大馬深耕有成。

　　成立於1987年的紫藤集團，從早期自創品牌開
始，進而開發了許多大馬先前尚未成熟的茶種，並結
合大馬的人文色彩與生活風格，創造了馬來西亞茶
文化的多個第一：1999年率先將茶藝中心入駐Mega
Mall等大型商場，並先後開設多家連鎖店及茶藝中
心；擁有大型營運總部、茶餐廳及茶藝門市店12家，
主要商品涵蓋茶葉、茶壺、食品、手工藝品等，平均
年營業額逾8000萬台幣；經常邀請兩岸知名茶人與
文化藝術界人士，前來演講並進行交流。

　　「古有宋聘，今有雲聘」的**紫藤雲聘號**，則是在
2006年採雲南六大茶山野生古茶樹之雨前春蕊細嫩

第三章　近代明星茶區藏茶

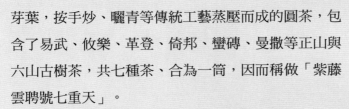

芽葉，按手炒、曬青等傳統工藝蒸壓而成的圓茶，包
含了易武、攸樂、革登、倚邦、蠻磚、曼撒等正山與
六山古樹茶、共七種茶、合為一筒，因而稱做「紫藤
雲聘號七重天」。

　　值得一提的是：該批茶品全部經由陸路，由公
司人員於2006年4月駕馭四輪傳動車從吉隆坡出發抵
達中國，滿載茶品後，再原車從西雙版納經昌明、
老撾、泰國，一路披星戴月運回馬來西亞，共費時兩
週，堪稱「萬里跋涉」了。

　　有別於今日便利的貨櫃海運，此舉不僅為現代馬
幫寫下新的傳奇，也開拓了一條新的「茶馬道」，特
別具有歷史意義。

　　留台派還包括了**麻六甲的余治明**，他雖非留台僑
生，卻是慈濟功德會的資深成員，因為在台灣深受茶
藝薰陶，在麻六甲老街上開設八仙茶行已有15年。

　　不同於多數茶藝中心的留台派成員，**「萬年青茶
藝中心」**的謝鴻亮則是大馬本土派經營有成的傑出代
表性人物，他說馬來西亞早在1980年以前，做為吉
隆坡外港的巴森港就已出現「雪山茶藝館」，幾乎與
台灣茶藝館的興起年代相當，當時尚包含瑜伽教室作
複合式經營，堪稱大馬茶館的濫觴。不過茶藝館經營
型態在後來逐漸走向K書中心，因此才蛻變為以品茗
為導向、且著重茶文化推廣的茶行型態。

　　不同於台灣大型茶事業如天仁集團、翰林集團
等，為鼓勵年輕人愛茶、接近茶，而不斷推出喫茶
趣、翰林茶館、嚮茶等，為讓年輕人逐漸接受並進入

萬年青茶藝中
心以品茗為導
向、著重茶文
化推廣。

茶的世界，而推出各種茶飲料如泡沫紅茶、珍珠奶茶或茶餐等。謝鴻亮說，大馬並無類似的大型連鎖，反而是靠茶藝中心默默地潛移默化。

謝鴻亮說，基本功紮實的茶文化在大馬且享有超然地位，因此，自己十多年來始終堅持在茶文化的推廣上，而這才是活絡茶市場的最重要因素。對於近年普洱茶在馬來西亞造成的投資與囤茶旋風，他的看法也與其他人明顯迥異，甚至認為：普洱熱，污染了辛苦建立起來的茶文化。

「唐藝軒」創辦人兼掌門趙美玲，原本只是單純的茶藝愛好者，直至1998年才開設茶館，至2007年遷至蘇丹街現址，成為兼具茶行、茶藝館、茶品展示的大型古典茶文化空間，並代理廣西梧州六堡茶，以「兄妹嘜」為商標。衝勁十足的她表示，要將「茶」塑造成一個文化產業，需要不斷地致力提升海外與本地華人的交流，因此始終積極策劃、推動參與各種茶藝活動。

「茶知己中心」的邱順昌，有曾榮膺中國「普洱十大風雲人物」之一的大馬資深茶人**林平祥**加持，近年且直接到雲南茶山（包括易武麻黑、無量山、布朗山等）選購老樹毛茶，並壓製成自家品牌「昌裕號」行銷四處。

第三章
近代明星茶區藏茶

品飲熟茶、投資青餅

　　大馬也有傳統的大型茶商，早在新加坡尚未脫離馬來西亞獨立以前就存在，更早的甚至可追溯至英國殖民時代。只是，他們早年以經營南北雜貨為主，茶葉並非主業，其中又以具有眾多市場的紅茶為主要角色，但也曾經組成強大的商會直接向中國茶葉公司進口茶葉，包括早期的印級與七子級普洱茶、鐵觀音、武夷岩茶等，再批發予下游茶商或大賣場、百貨公司等通路。

　　在普洱茶普遍發燒的今天，他們也不改「龍頭本色」，每月均有數個貨櫃大量引進，堪稱實力雄厚：**「建源」主人許金龍**，為現任大馬茶商公會會長，在今年發行「六十週年紀念茶餅」；**「廣匯豐」老字號**，已在吉隆坡車水馬龍的蘇丹街上屹立不搖80個年頭，現由第三代掌門**劉偉才**穩健經營；**麻六甲中華工商總會副會長鄧福汝**，經營的項目從人蔘、燕窩到普洱茶，每月都有一貨櫃以上的進口行銷實力。

　　馬來西亞盛產錫礦，在早年錫礦全盛時期，就有許多礦工帶著**六堡茶**前往「錫礦之鄉」霹靂州工作，做為解熱驅毒的茶飲，甚至用以洗澡除臭。

　　怡保老字號「寶蘭」與「雙瑞」兩家，1960年代以前即已大量進口六堡茶，再分裝批售予各大茶行，直至錫礦沒落後，有些不及去化的六堡茶就被保留了下

已邁入第80個年頭的廣匯豐老字號，在吉隆坡車水馬龍的蘇丹街上屹立不搖。

怡保老字號「寶
蘭」與「雙瑞」
兩家從1960年
代以前至今，留
下許多大馬獨有
大票與包裝的老
六堡茶。

來，使得今天大馬擁有最多且奇貨可居的**老六堡茶**，
大馬獨有的大票與包裝也獨樹一格。

近年興起的普洱茶熱，不但吸引了大型財團的
進入，如股票上市公司**海鷗集團與綠野集團**等，也使
得一些長期愛茶、收茶的茶商，跳到了幕前來開設茶
行，如「**老喬木茶莊**」的**魏秋俤**，家中就藏有不少老
茶如「**鼎興號**」以及稀有的「**六安骨**」等，他一針見
血地表示「大馬華人以品飲熟茶為主，青餅則作為投
資」。

所謂六安骨，只見茶梗而不見茶葉，看似老六
安茶中最神秘的茶品，卻又不以六安茶為原料。緣於
在中國計畫經濟時代，由於茶葉有出口限制，因此安
溪鐵觀音大多帶著茶梗銷往海外如香港、馬來西亞等
地，茶行必須自行摘除茶梗才得販售，至於摘下的茶

188

第三章
近代明星茶區藏茶

梗當然不能浪費,經過烘焙後即成了「茶梗茶」,其火香與溫順濃醇的茶湯滋味,就是過去一直深受海外華人喜愛的「六安骨」了,不過大馬則多稱為「六安枝」。

1980年代以後,中國改革出口制度,成茶不必再配上茶梗,因此六安骨也就從此消失了。目前存留的極少量老六安骨,經過二十多年以上「大馬倉」的陳化加持,更具丰姿與熟韻,入口的甜稠與飽滿感絲毫不輸給六安藍茶,彌足珍貴。

只見茶梗而不見茶葉的六安骨茶湯與葉底表現(老喬木藏)。

老喬木另一項大馬倉的代表性茶品,則是**2001年的勐庫勐撒原野香青餅**,外包茶票紙是1950年代「圓茶鐵餅」的美術字縮小版:原來香港向雲南茶廠訂製時,直接將圖樣縮小後傳真,茶廠也誤將傳真尺寸當作實際大小來印製,因而造成外圓甚多空白的有趣畫面。

勐庫勐撒原野香青餅的茶品,在大馬陳放數年後已有明顯轉化,顯示陳化程度頗快,外觀條索明顯,帶有樟香的香氣清雅香醇,

美術字縮小版
的勐庫勐撒原
野香圓茶（老
喬木藏）。

柔蜜茶香中帶著一股飽滿厚實的甜味，中栗帶紅亮的茶湯清澈晶瑩，口感溫柔且回甘度頗佳，茶質重，令人激賞。

至於一般公認大馬乾倉的代表作，即**俗稱「馬黃」的黃印圓茶**，經由**魏秋俤**的慨然分享，發現帶有南洋的椰油味，有層次、甘醇，雖然陳韻沒有港倉的厚實，但純乾倉，純度夠，適口性頗佳。

近年拜普洱茶熱潮之賜，使得營業額扶搖直上的茶行、茶藝中心也甚多，包括：「永恆香」的王連益、「大茶樹記」的楊淑美，以及2006年異軍突起的「茶盛」陳來發等。

原本經營服飾工廠卓然有成的**陳來發**，從愛茶、藏茶進而開設**「茶盛」茶行**，近年勤走雲南茶山，並不斷往來台港等地取經，且雄心萬丈要複製自己服飾成功外銷的經驗，交棒給長子唐偉源將普洱茶推向歐美市場。他說馬來西亞是英語系國家，當地華人普遍能說流利的英文、中文、閩南語、廣東話或客家話，加上馬來文與印尼語系出同源，因此擁有多種語言的先天優勢，將使馬來西亞成為中華茶文化的世界窗口。

　　茶盛主要產品包括：2007年勐海春茶壓製，來自布朗山的熟茶「能品嚐的愛」，及來自勐海2004年大葉種曬青毛茶、至2006年壓製的**布朗陽山陽春嫩芽圓茶生熟各一**。兩者最大特色就在於外包茶票紙，上下方均印有「**馬來陳化普洱茶**」字樣，作為數年後大馬倉優質陳化的見證。

　　此外，台灣茶人來此經營者也不在少數，如：「**茶典名茶**」的詹朝伎來自台灣高雄，在馬來西亞娶妻生子後深耕當地；還有曾任台灣中華茶聯總會長的**陳懷遠**，早在2003年即前往馬來西亞開疆闢土，不僅為當地茶商製作茶品，其「陳遠號」在當地也有代理商余賢聞的「余我同行」穩健成長；「**大友普洱茶博物館**」也早於2004年就正式在吉隆坡成立分館；台灣烘焙專家**黃傳芳**的「**傳芳普洱**」，一手拼配開發的自有品牌「抱拙熟普」、「抱拙青普」等，近年來也在大馬開拓市場並頗有斬獲，「粉絲」尤其眾多。

茶盛「能品嚐的愛」熟茶。

茶盛以2004年茶菁至2006年壓製的布朗陽山圓茶。

六大茶山附有清真認證的普洱茶品。

大馬倉真能使普洱茶市場屹立不搖，甚至反敗為勝嗎？從大馬的普洱茶進口資料來看：2005年自雲南進口了1000噸以上的普洱茶；到了2006年，進口量翻了一倍之多，達到2000噸以上；2007年再翻上數倍。

不過，這些為數眾多的茶品只有極小部分流入當地華人消費市場，絕大部分都是進入了一座又一座的茶倉，等待時間陳化、時機成熟後，再提升價格出售。

大馬藏茶回銷中國的理想，有待時間來考驗，反而擴大內需似乎更加刻不容緩：馬來西亞是一個多元種族構成的國家，清真寺、佛寺、中國廟宇、印度廟

隨處可見，如何吸引其中佔最大多數的馬來人加入，應是今後中國茶大力推動的方向吧？

篤信回教的馬來人喜食牛、羊肉，為了去脂除膩、清熱解毒，喝茶的歷史由來已久，只是長期以來大多僅飲紅茶，或佐以椰棗，或調配煉乳泡製而成「拉茶」。除此，穆斯林對外來飲食要求甚嚴，茶品內絕對不得含有伊斯蘭教禁忌成分，並需取得「清真」認證，才能安心飲用。

有鑑於此，身為回族的雲南六大茶山董事長**阮殿蓉**，就率先以清真要求的生產、加工方式，產製了穆斯林專用的普洱茶，並於2006年5月取得中國伊斯蘭教協會頒發的「清真證書」，期盼在馬人社會爭得一席之地，其他大廠也躍躍欲試。

關於大馬倉的表現，「萬年青」的謝鴻亮分別以2001年、1998年、1994年三種來自勐海的7542圓茶

馬來西亞以伊斯蘭教立國，清真寺隨處可見。

勐海7542圓茶從
2001年（左）、
1998年（中）、
1994（右）在大
馬倉的茶面與湯
色表現（萬年青
茶藝中心藏）。

親自試泡：2001年的茶品，尚未有明顯的變化，略
有苦澀、較利，然已具有「緩慢轉化的過程中發現更
好滋味」的大馬陳倉特色；1998年的茶品，口感已
較滑順；至於最老的1994年茶品則帶有有梅子香、
尚未轉甜，與同年份港倉茶品全然迴異。

藏茶資訊

◎紫藤文化企業集團（林福南）：+603-21451200
◎老喬木茶莊（魏秋俤）：+603-62507729、
　+6012-2107757
◎萬年青茶藝中心（謝鴻亮）：+603-20268608
◎鄉根茶藝中心（邱如財）：+603-20786606
◎廣匯豐集團（劉偉才）：+603-20783015
◎大友普洱茶博物館大馬館：+603-21419986
◎建源茶行（許金龍）：+603-20785306
◎茶盛（陳來發/唐偉源）：+603-78800313
◎唐藝軒（趙美玲）：+603-20267599
◎余我同行（余賢聞）：+603-79807009
◎永恆香茶行（王連益）：+603-92845588
◎茗茶（詹朝伎）：+603-56340637
◎大茶樹記（楊淑美）：+603-62507349
◎八仙茶館（余治明/麻六甲）：+606-2816534

第三章
近代明星茶區藏茶

第四章
普洱茶的界定與辨識

14. 普洱茶之黑茶、綠茶 與青茶之辯

關於普洱茶的界定，原產地中國雲南省曾在2002年6月，於西雙版納召開的「中國普洱茶國際學術研討會」上，由與會的各國專家學者統一做出了明確定義：普洱茶，必須是產於雲南瀾滄江流域茶樹原產地，並以雲南大葉種茶樹鮮葉為原料加工製成的**「特殊茶類」**，而且必須以曬青毛茶，經緩慢「自然發酵」或「人工促成後發酵」所製成的後發酵茶。同時還應具備外形條索粗壯、肥大完整、色澤褐紅或稍帶灰白、湯色紅濃明亮、香氣陳香濃郁、葉底褐紅，以及滋味醇厚等品質特徵。

令人遺憾的是，結論提到的「特殊茶類」保留了日後解釋的模糊空間，卻沒有進一步說明在綠茶、白茶、黃茶、青茶、紅茶、黑茶等全球所界定的六大

孟連傣族姑娘採菁後先在自家門前曬青。

「基本茶類」中，普洱茶究竟應隸屬於後發酵的黑茶、不發酵的綠茶，抑或部分發酵的青茶？使得普洱茶的分類，至今仍眾說紛紜、爭議不斷。

在過去普洱茶尚未造成投資或品飲熱潮以前，普洱茶一向被歸類為後發酵的黑茶：1992年由陳宗懋主編、上海文化出版的《中國茶經》，

孟連傣族婦女在炒菁前先翻動晾青。

就明白將普洱茶與湖南黑茶、老青茶、四川邊茶、六堡散茶等並列為黑茶類；2000年12月中國輕工業出版社出版的《中國茶葉大辭典》，同樣將普洱茶列入黑茶類。

不過近年許多茶商或學者卻紛紛提出異議，認為經過現代「渥堆」工序加速發酵而成的「熟普洱」，由於「葉色油黑凝重」，稱黑茶固無不妥；但1973年渥堆工序發明以前、或1990年代以後，**許多未經渥堆，僅透過長時間自然發酵轉化而成的普洱生茶，歸類為黑茶並不恰當，應「正名」為「綠製普洱茶」才是**，以有別於黑茶類的「黑製普洱茶」，將生茶與熟茶分別歸類。

也有茶人引用《中國茶葉大詞典》對「基本茶類」與「再加工茶類」的定義：認為前者是茶鮮葉經過不同製造過程，形成的不同品質成品的茶類別；後者則是以基本茶類的茶葉原料經再加工而形成的茶葉產品。因而認定**「普洱茶是以基本茶類中的『曬青綠茶』為原料，經過渥堆後發酵而形成的再加工產品」**，並作出「普洱茶不能歸於黑茶類」的結論，將普洱茶侷限在渥堆後的熟茶。

至於官方的界定，原本2003年頒佈實行的《雲南普洱茶地方標準》對普洱茶的定義為「普洱茶是以雲南省一定區域內的雲南大葉種曬青毛茶為原料，經過後發酵加工成的散茶和緊壓茶」，將普洱茶列為**「後發酵加工」**，顯然也僅定義了熟茶。

不過，隨著近年發燒的普洱熱潮，相關部門又訂出了《雲南省普洱茶綜合標準》，重新定義為「普洱茶是雲南特有的地理標誌產品，以符合普洱茶產地環境條件的雲南大葉種曬青茶為原料，按特定的加工工藝生產，具有獨特品質特徵的茶葉」。**從原本的「後發酵加工」擴大為「特定的加工工藝」，顯然已將普洱生茶補列了。**

根據某報刊專訪，雲南茶葉協會會長鄒家駒則認為「雲南普洱茶以曬青毛茶為原料，經特殊的再加工而形成，符合再加工茶歸屬」，而且「黑茶渥堆在乾燥之前，普洱茶渥堆在乾燥之後，兩者的製造方法明顯不同」。因此認為普洱茶不屬於六大基本茶類的任何一類，**而應單列為「再加工特種茶」**，但是他也堅

持「全世界的定義都是零發酵的就是綠茶，普洱生茶毫無疑問當屬綠茶範疇」。

為免爭議，近年雲南許多茶人乾脆將普洱茶獨立為「普洱茶類」，與綠茶、烏龍茶、紅茶合併為四大茶類。例如2006年在香港舉行的「第六屆國際名茶評比」，就不列「黑茶類」而直接改為「普洱茶類」接受報名。但不知此舉將置六堡茶、六安茶等黑茶於何地？

儘管早在北宋熙寧年間（1074年），就已有用綠毛茶作色變黑的記載，但許多學者認為：古代先民製作的普洱茶，根本是「緊壓」後的綠茶罷了，由於經過馬幫漫長旅途的運送，以及長時間的貯藏，才逐漸「後發酵」並自然形成為具有獨特陳香味的普洱茶，因此認定今天雲南所生產的普洱生茶，基本上仍應歸類為綠茶。

另一派學者則從茶葉發酵

傣族婦女在炒菜完成後，利用爐灶內剩餘的柴火直接炒菁。

傣族婦女在陽光下揉捻，兼具曬青的作用。

的程度提出見解，認為即便原料為綠茶，但經過長時間陳化發酵的生茶，或以人工渥堆迅速發酵的熟茶，二者顏色均已明顯轉黑熟化，絕非完全不發酵的綠茶可以比擬。

坪林茶葉博物館前館長梁祥田更提出驚人之語，認為從字面上的意義來說，雲南三大名茶中，既然「滇紅」為紅茶、「滇綠」為綠茶二者均無庸置疑，作為普洱茶的「滇青」自然應列為青茶類。

梁祥田解釋說，以青茶類較常見的烏龍茶、武夷茶來比較，青茶的「部分發酵」工序較為精準且繁瑣得多，至於適合製作普洱茶原料的滇青，則以「曬青毛茶」為主，製作過程較為簡易且稍顯粗糙，殺青方式較輕，且乾燥方式充分利用陽光，而非烏龍茶使用的烘乾機或早期的炭火乾燥罷了。

事實上，我曾多次深入雲南偏遠山區，在各大茶山詳細觀察紀錄各少數民族傳承至今的製茶方式，發現曬青毛茶的製作工序其實都略有差異，例如：在普洱邊陲的孟連縣，當地喬木古樹茶千百年來始終作為娜允土司（也有人習慣稱「傣王」）的御用茶園。傣族人製作曬青毛茶的方式，都是在採菁回家後，先置於禾埕攤開曬青，與烏龍茶日光萎凋的工序幾乎完全相同，接著將茶菁移至室內通風處靜置，然後翻動晾青，再放入鍋內以柴火炒菁，殺青完成後在日光下邊揉捻邊曬青，第二天再攤開於禾埕曬乾，曬青毛茶於焉完成；至於在勐海縣布朗山班章茶區，當地優尼人卻在採菁後，直接將它們攤開在室內靜置，之前並未

做任何的日光萎凋（或曬青），普洱、江城一帶也多如此。

曬青對普洱茶的重要性無庸置疑，普洱茶學者鄧時海甚至認為「曬青不應僅界定在毛茶階段」，他說**易武老號留存至今的古董老茶，成就越陳越香的最大秘密，就是「壓製成餅後，遇有陽光還是會不斷取出曝曬」**。

事實上，經過長時間轉化而流傳至今的普洱生茶，均為滇青而非滇綠。曾有學者認為，滇青與滇綠的最大不同就在製成方式：前者為「低溫殺青、自然乾燥」且經一定的日曬或風乾程序；後者則為「高溫殺青、高溫乾燥」且不作日光萎凋。

所謂低溫殺青，源於雲南少數民族常在炒菜完成後，利用傳統爐灶內剩餘的柴火，將茶菁直接

小型茶廠至今仍以半自動揉捻機代替手工揉捻。

西盟佤族在茶廠內製作烘青綠茶。

置入大鍋內炒菁。因此有學者認為：使用炒菜後的餘火，鍋內溫度最多只到攝氏50～60度左右，因此少數民族以手炒（如鎮沅縣）或樹枝輔助（如孟連縣）即可。

普洱茶炒菁不能太熟，炒太乾會造成茶葉活性的流失，導致湯色淺淡，因此為了不致於破壞轉化的因子（多酚氧化酶），最適合低溫殺青，如此所產製的曬青毛茶才能成為緊壓普洱茶原料的上選。

但以上說法在近年也受到強烈質疑，認為50～60度只是鍋面茶青的溫度，爐火傳至鍋底的溫度應該在150～160度左右，炒青時間約10分鐘，否則茶菁根本無法炒熟。

現代茶廠製作曬菁毛茶使用的滾筒式殺青機，溫度均維持在攝氏180度以上，只是時間較短罷了，殺青完成待攤涼後才進行揉捻。並在揉捻完成之後，直接攤勻在竹筐以日曬乾燥。如此完成的滇青，含水量較高、濕潤飽滿，茶質也相對厚重，再經緊壓成形，才能成為許多資深茶人所說的「能喝也能藏」的普洱生茶。

傳統的滇青製法，鮮葉採摘後大多均需經日曬或風乾（靜置）萎凋，以方便後續的殺青溫度與時間控制，甚至有些只經過日光萎凋而省略了殺青工序，便直接進行手工揉捻，例如近兩年才逐漸風行的普洱「捆茶」等。

綠茶則無論炒青或蒸菁，溫度皆控制在攝氏210至240度之間，全程約6至8分鐘。殺青完成後尚須攤

涼、揉捻，再以烘乾機快速高溫達到乾燥效果，以降低水分、抑制茶葉中酶的活性，並有效保存茶葉的內含物質、提升綠茶的香氣，此即雲南省在2003年以前，一般民眾最常飲用的「烘青綠茶」，也稱作滇綠，當時烘青綠茶的價格也遠高於曬青毛茶。

　　至於目前有茶廠以烘青毛茶加工緊壓，並繼之以烘房高溫乾燥，製成的「滇綠普洱」：儘管初期較無苦澀口感、甚至更富香氣，適合新鮮飲用，卻因歷經了高溫殺青及烘乾等工序，破壞了茶菁中轉化的因子，不適宜作為長久存放或典藏。

　　因此，近年有部分業者以烘青方式製成滇綠普洱，宣稱「香氣清揚不苦澀」可立即品飲，以搶攻市場的作法，成了學者最憂心的「普洱茶綠茶化」現象。

易武茶廠至今仍將壓製好的普洱圓茶放在陽光下繼續晾曬。

15. 普洱茶的生、熟與半生熟之辨

採自雲南大葉種茶樹的鮮葉，經炒菁、揉捻、攤涼，再透過陽光曬乾而成的曬青毛茶，就是吾人所熟知的**普洱生茶，又稱為「青普」**。生茶經過人工快速發酵的「渥堆」工序後，即成為**普洱熟茶，又稱為「熟普」**。而無論生茶或熟茶，都可再經緊壓成型，成為流通於市場的圓茶、沱茶、緊茶、茶磚等。

青普茶品：表面大多呈青綠或墨綠色，部分則轉黃紅色；茶湯則以黃綠、青綠色為主。

熟普茶品：因經過渥堆完成多酚類等物質的變化，表面多呈偏黑色或紅褐色；茶氣明顯感覺渥堆後的「熟」味；口感較為濃稠甘醇；茶湯顏色則依渥堆時間的長短，從深紅色至黑褐色不等。

過去，新品普洱生茶大多口感強烈苦澀，經過多年甚至數十年以上的悠悠歲月自然陳化，才逐步完成「多酚類化合物的酵素性與非酵素性氧化」，形成特有的色、香、味風格。當時的背景源於：中國自19世紀末葉至20世紀中葉，一直處於外侮、內戰及各項紛

新製成的普洱生茶茶湯（左）以黃綠、青綠色主，而熟普茶湯（右）則從深紅色至黑褐色不等。

普洱生茶經過
歲月陳化所產
生的茶品與茶
湯色澤變化，
由上而下依序
為：新製品、
10年以上、
30年以上、
70年以上。

新製成的普洱生茶表面大多呈青綠或墨綠色（左）；熟茶則呈偏黑色或紅褐色（右）。

擾頻仍且動盪不安的局勢，私人商號及早期國營茶廠的茶品乃大量流向香港，其中部分未能及時去化的茶品，歷經長時間的貯藏存放、繼續發酵陳化，且留存至今者，反而成了風味絕佳且稀有價昂的珍品。因此可以說這些外形色澤褐紅、具有獨特陳香味的普洱生茶，純係「歷史的偶然」所形成。

事實上，**雲南地區少數民族很早就已普遍飲用曬青的生普毛茶**，卻從不曾因其苦澀而受影響，不僅甘之如飴，且在過去醫療資源缺乏的年代，平均壽命卻往往高達八、九十歲左右。經現代學者不斷研究推論，大致可分為兩個主要原因：**其一應歸功於先民流傳至今的品飲方式**，例如佤族的瓦罐茶、哈尼族的土鍋茶、彝族與拉祜族的烤茶、傣族的竹筒茶、德昂族的砂罐茶、布朗族的青竹茶等，以現代的眼光來看，都可說是另一種「烘焙」的形式。少數民族藉由傳統的烘、烤等方式達到高溫殺菌的效果，並去除雜質、將原有的苦澀轉化。**其二，新製生茶的苦澀程度與**

否，應與茶品的原料或製程的優劣大有關係。對照普洱茶熱持續發燒的今天，許多青普不斷從原料、工藝著手，所推出的新品也能立即品飲可知，推論應該是可以成立的。

　　西盟佤族的瓦罐茶，就是先人智慧融合茶藝的結晶，從煮水、烤罐、置茶、烤茶、抖茶，至注水、擲火塊於茶罐，再將茶湯攪拌後大功告成。如此作法等於為原本苦澀的曬青毛茶，分別作了輕焙火與重焙火兩道烘焙工序，茶湯因而帶有明顯的焙火香與滑順爽口的喉韻，飲之甘醇而韻味十足。

　　以現代的眼光來看，製成的茶品必須留待數十年以後才能品飲，當然不符經濟效益。因此**在1970年代發明了「渥堆」工藝，將生茶快速人工發酵成為熟茶**，讓原本的苦澀及刺激性幾乎已完全消失，可以立即品飲，又不失普洱老茶應有的「陳香味」，無怪乎

西盟佤族的瓦罐茶等於為原本苦澀的曬青毛茶分別作了輕焙火與重焙火兩道烘焙工序。

在推出後一度席捲大部分的普洱茶市場，成了當時最受消費者歡迎的茶品。

渥堆工序的發明，還一度讓《中國茶經》更狹隘地界定普洱茶「是用優良品種雲南大葉種，採摘其鮮葉，經殺青後揉捻曬乾的曬青茶為原料，經過潑水堆積發酵（渥堆）的特殊工藝加工製成」，可知熟茶在普洱茶發展史上扮演了極其重要的角色。

生茶與熟茶孰優孰劣？其實很難以科學的方式來區分高下，一般來說：普洱生茶強勁、活潑、活性高，柔韌有彈性，但新品青澀口感難免，適合長期貯藏，且越陳越香；而熟茶溫和醇厚、陳香顯著，入口也較為滑順，可以立即品飲。兩者可說各有特色。

不過熟茶必須經過嚴苛的渥堆工序，從車間環境、溫度控制、酵母菌調製比例，以及實際的操作技術、經驗等，在在都影響熟茶製作的成敗。因此，整體的製作成本也往往高於生茶兩成左右，這也是多數民間小廠只能產製生茶，且市場上的新品價格，熟茶通常比生茶高出許多的原因。

兩岸三地許多茶商都喜歡引用的一篇報導，即**台灣大學食品科學研究所孫璐西教授接受衛生署委託，於2000年發表的「普洱茶可降血脂、預防動脈硬化」報告**，以此作為普洱茶可以「養生」的依據。其實，經作者親身訪問孫教授後得知，當年她所採樣的均為下關茶廠生產的**熟普沱茶**，而非市場價格炒翻天的生普老茶。

2003年4月，中國雲南省普洱縣中醫院更在眾

第四章
普洱茶的界定與辨識

渥堆工藝：在進行
潑水後，控制一
定濕度與室溫並
加以覆蓋（上），
期間必須定期掀開
（中），並加以攪
拌（下）。

1980年代末期的勐海茶廠7572是熟茶中難得一見的好茶（東霖茶業藏）。

1970年代產製的7638茶磚（綠字）為半生熟茶中的優品。

人期待下，以台商黃傳芳提供的普洱藥茶（普洱熟茶與三七、天麻等中藥配製），針對高脂血症患者做臨床試驗，結果顯示「能安全有效地治療高脂血症」，為普洱熟茶對人體健康的實際療效，提出了更有力的證據。

因此純就養生的角度來看，立即可以入喉暢飲的熟茶並不失為消費者的選擇。

勐海茶廠在1970年代大多以生產生茶為主，唯二的例外就是7572與7452兩種熟茶。

7572從1970年代中期開始生產，除了在1981年，省茶司曾接受香港利安茶行訂單，生產過一批7572生茶之外，就全是熟茶了。此後更始終持續生產、暢銷不衰，被列為勐海茶廠最大宗的熟餅，拼配的茶菁粗細則介於7262與8592之間。

目前市面流通的1980年代末期7572產品，經過近20年的陳放後，茶湯已轉化為紅濃明亮、細甜可口，且葉底也呈現稍微偏紅的跡象，是熟茶中難得一見的好茶。

普洱茶，其實無論生熟都可以長期貯存成為陳茶：經歲月陳化的普洱生茶是由「內在的多酚氧化酶參與的發酵過程」；經渥堆製作的普洱熟茶，則是由「外在的微生物參與的發酵過程」。

一般來說，由生茶轉化而成的陳茶，其韻味或口感都較優於熟茶陳茶。而熟茶，在10年內變化不大，10年以上才會有較明顯的轉化。

除了生茶與熟茶，市面上還有所謂的「**半生熟茶**」。早期半生熟茶的產生，有人說是由於1973年渥堆發明之初，工序或技術尚未純熟，以致部分茶品未能完全發酵、或發酵度較輕，因而留存至今的茶品，**兼具了普洱生茶與熟茶的滋味與口感**，如1970年代雲南省茶葉分公司的7638茶磚（綠字），以及輕度發酵的七子大黃印、1987年勐海高山特級餅茶等，經過二、三十年陳放後的今天，儘管在某些「權威」茶人眼中，認為「普洱生茶原有的新鮮感或活性，已受到一定程度損害」，但原本就較輕的熟味幾已消失，品味或口感也十分接近陳年生茶，甚至受到部分茶人的特別偏愛，例如「二分熟」的黃印圓茶就是市場上甚為搶手的印級名茶。

1987年勐海茶廠僅生廠一批的高山特級餅茶是半生熟茶的代表作。

中茶甲級黃印是口感與香氣表現均十分特殊的熟茶（東霖茶業藏）。

五兩旺烘培後的熟茶磚在陳放12年後的今天已頗具陳普的喉韻與口感（上崙實業藏）。

其實早在1949年以前就有所謂三分熟、四分熟的半生熟茶問世，例如勐海縣「鼎興號」茶莊，於1940年代所生產的鼎興圓茶或末代緊茶，均為四分熟茶。

在茶廠百家爭鳴的今日，為考量青普新品不免苦澀，而熟普雖能順暢入口卻陳味稍重，二者均無法面面兼顧，**因此有些業者就將生散茶與熟散茶依不同比例拼配，稱之為「合堆」**，兼取生普的香、熟普的甜，再蒸壓為多數消費者都能接受的半生熟茶餅、沱茶或茶磚。

儘管熟茶的「歷史定位」仍有諸多爭議，但可以肯定的是：沒有渥堆的發明，就沒有1990年代以來普洱茶蓬勃發展的局面。因為，金字塔頂端的生普老茶稀有而價昂，新普生茶在短期內又較難順口，人工快速發酵的熟茶，確實適時填補了其間的空窗，讓多數消費者都可以輕易接受，且一樣可以達到品味陳香與養生的效果。

事實上，**在1997年大量陳年生普尚未從香港釋出**以前，台灣普洱茶市場幾乎都以熟茶為大宗，當時一般民眾所認定的普洱茶也都是熟普，習慣品飲清香茶品的台灣民眾，一時還無法接受人工渥堆所產生的強烈陳熟味，因此造就了普洱茶烘焙技術研究的日新月異。以烘焙熟茶茶磚為主力商品的「五兩旺」為例，加盟連鎖居然能在短短一年內遍佈全台達數十家，可以說當時創辦人黃傳芳獨樹一格的烘焙方式，為普洱茶在台風行打響了第一炮。

2007年，普洱茶市場經歷了崩盤的教訓，許多資深茶人或學者紛紛提出了「未來市場回歸熟茶導向」的觀點或預測。

普洱學者鄧時海，從原本的排斥熟茶，到2005年開始提倡「品老茶、喝熟茶、藏新茶」。今天更明白表示：假如普洱茶的生產型態不能從今天的「生茶80%、熟茶20%」，回歸到2003年以前的「生茶20%、熟茶80%」，則普洱茶市場的前景必然悲觀。

致力推廣熟茶品飲風氣的黃傳芳近年推出的抱拙熟普圓茶。

因為太多新品生茶，每年喝掉不到二成，其餘大多作為囤積收藏，長期以往必導致生產過剩、供過於求。唯有落實喝熟茶的消費品飲，才能使普洱茶市場歷久不衰。

甫受聘接掌雲南普洱茶業集團總經理的黃傳芳認為，人類感官要求「溫和柔潤」，不喜苦澀，因此能夠立即品飲的熟茶必然是未來發展的最大趨勢。

目前許多大廠也都致力於菌種的研究，期盼能透過科學界與茶界的共同努力，將熟茶的風味與口感提升至陳年生普品質的八、九成以上，如此，品飲普洱茶才有可能成為全民運動。

六大茶山2007年推出的珍珠普洱熟茶。

藏家資訊

◎上崙實業（簡素訓）：
台北市臨沂街25巷19號5樓
電話：（02）3393-2989

16. 普洱喬木茶與台地茶之辨

普洱茶依原料來分，可大別為**野生喬木古茶樹**、**野生矮化型茶園**、**灌木型人工栽培茶園**三種。其中野生喬木茶樹只是一般統稱，嚴格說來又可分為**野生型**、**過渡型與栽培型**三種：野生型，指的是自然孕育的茶樹，未經任何人工的管理或培育；過渡型，指的是從野生茶樹自然落下的種籽逐漸發展成林，先人加以管理再利用者；栽培型，指的是由人類自行播種並管理利用者。

喬木古茶樹通常超過200歲，樹姿大多高大挺拔達3公尺以上。

茶樹的人工栽培，經歷了野生採摘利用、並經培育選擇的長期過程。換句話說，先人對茶葉從最早期的單純野生採摘利用，逐步發展過渡至移植、栽培並管理，經過對野生茶樹的不斷馴化，從喬木型演化為灌木型，從大葉種進化到中小葉種，長期的

214

矮化型喬木
茶園已有人
為的培育管
理。

自然選擇與人工栽培，才逐漸成為今天品種豐富多樣
的栽培型茶園。

　　喬木古茶樹的樹齡通常在200歲以上，樹姿大多
高大挺拔達3公尺以上。由於茶樹均為茶籽自然落下
的有性繁殖方式，茶葉因而產生不同的變異。在同一
茶種中，常有多達五、六種以上或更多的變異茶種，
因此所製作的普洱茶，往往在同一片茶餅中會包含不
同的葉種，神秘而多變的特質構成了普洱茶最迷人的
特色。

　　摘採喬木茶所壓製的普洱茶，茶性通常較為滑柔
而質重，香氣深沈而特異，口感刺激性不高，水甜回
甘長且穩定。因此標榜「千年古茶樹」或「大葉野生

灌木台地茶園的
茶樹品質穩定而
少有變化。

「茶」的茶品，在市場上最受青睞。

　　矮化型的喬木茶園，同樣採取撒籽播種的有性
繁殖方式，只是經由人工不斷摘採而矮化為灌木或小
喬木，高度通常多在1.5～3公尺間。儘管有人為的培
育管理，仍不免因實生種而有所變異，往往在同一個
茶園當中，放眼望去竟然出現五、六種以上的不同茶
種。所產製的普洱茶，茶性較為強烈，香氣也較為清
揚。

　　灌木型人工栽培茶園又稱為台地茶園，也是目前
雲南或者全球最多的茶園，由於係人工以扦插方式大
量種植，因此茶葉品質穩定而少有變化，卻也少了早
期普洱茶原有的神秘感與多樣化特質。所產製的普洱
茶茶性最烈，茶質則多數較薄，但香氣則最揚，口感
刺激性也最強。

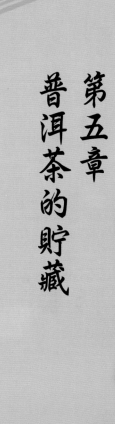

第五章

普洱茶的貯藏

17. 乾倉、濕倉與不入倉

普洱茶與其他茶類最大的不同，就是一般茶類如綠茶、烏龍茶等大多「以鮮為貴」，最佳賞味期限通常設定在3～12個月之間；普洱茶卻是「以陳為貴」，強調越陳越香、越老越具風韻。普洱老茶迷人之處，就在於長時間陳放後，茶質由苦澀轉為甘甜、由青澀轉為渾厚，由粗糙轉為圓潤的成熟茶品。

今天吾人能享受到甘醇味濃、且韻味厚實的陳年老茶，品嚐到陳韻、香氣、茶性、茶氣等的完美表現，其實都應歸功於正確的貯藏方式。因為陳化過程受到時間、光線、溫度、空氣、濕度與環境等等因素影響，任何一個環節不對，就會讓陳茶的品質大打折扣。

長久以來，茶廠或茶商的貯藏方式大別為乾倉與濕倉兩種：所謂乾倉，就是將普洱茶陳放在乾燥、通風的環境中，使其自然產生後發酵，如此陳化而來的茶品才不致產生太多的黴菌，口味也較為溫和柔順。濕倉則正好相反，為了節省陳化的時間，而將普

貯存不當的普洱茶往往會產生黴變。

洱茶陳放在潮濕、密閉的環境中，使其快速發酵。儘管縮短了應有的發酵時間，口味更為濃郁，但容易產生「黴變」，衛生也較為堪虞。

此外，坊間還有所謂「不入倉」一詞，指的其實就是乾倉，而將濕倉歸類為「入倉」。

過去由於某些茶商的誤導，使得濕倉被視為毒蛇猛獸，甚至提出全乾倉、不入倉的主張，說香港本身就是個大濕倉、茶品含有黴菌等等，藉以打壓來自港倉的老茶。事實上，今天流通於市場上的陳年普洱茶，除了直接銷往東南亞等地的「大馬倉」外，幾乎都來自相同的模式：**雲南產製、香港入倉、台灣退倉。**

普洱青餅，在雲南新製成時不免生澀濃釅，因此早年抵達香港後大多**先放在「地倉」馴化**。地倉的陳放也有一定規矩：即同時間同一批茶品，由下往上、層層疊放，如倉內已有舊茶，必先搬出，放入新茶後，再將舊茶疊於其上。因為地倉愈底下愈潮濕，而新茶需要以必要的潮濕來加以馴化。此時茶品會出現「倉味」即台灣俗稱的「臭脯味」。

一段時日後，自地倉取出茶品稱之為「退倉」，改放在工業大廈的高樓層，再給予適度通風，利用抽風機等讓空氣循環，有利排除倉味或雜味。

普洱茶在茶倉內若長時間未翻堆，也會造成濕熱的「燒面」現象。

同年份的普洱
生茶，有過倉
（左）與純乾
倉（右）存放
一年的表現全
然不同。

　　許多茶人習慣將「地倉」與「濕倉」畫上等號，
其實只是一知半解。因為香港早期茶品及南北雜貨等
大多由西環、上環、西營盤一代發跡，當地的公寓大
樓多沿著太平山腰興建，茶倉則多半處於較為潮濕的
地下層（並非人工刻意製造的潮濕環境），儘管容易
產生黴變，但陳化速度卻相對較快。

　　後來還因此發現潮濕是「過倉」的理想環境：大
葉種生普茶味最濃釅，在相對濕度高的倉儲接受充足
飽滿的水氣，才能進行後發酵的馴化。只是在濕倉不
能陳放太久，否則容易造成碳化或黴變。

　　至於經由渥堆快速發酵的熟茶，經過正確地入
倉、翻倉與退倉程序後，也可以有效將原本的熟味
（雲南民眾普遍稱之為「糠味」）去除，使其在陳化

第五章
普洱茶的貯藏

後期能夠明顯轉化，湯色變得嬌豔亮麗且滋味醇滑。

因此也有專家以發霉為標準界定乾倉與濕倉，認為「有發過霉就是濕倉茶」。

只是，普洱茶在茶倉內若長時間未翻堆，會造成濕熱，港人以粵語俗稱為「燒面」，陳放過久而導致整個茶品質變則稱之為「燒心」。

一般來說，堆疊在最外層與最底層的茶品，濕度最高，因此，為了使整批口感維持一定的穩定性，最遲6個月就要**翻倉**一次，將下層與上層、外層與內層茶品，相互對調位置，讓每一層的普洱茶都能均勻轉化。

過久未翻倉就會造成部分茶品燒面甚至燒心：燒面的茶品表面已無活性，賣相不佳，因此茶商通常將表面剔除做為樣品。即便燒心也不浪費，大多剝成散塊賣至茶樓作為飲茶之用。

在品飲普洱茶尚未在台灣造成流行以前，儘管在香港只是茶樓廣泛使用的大量茶品，但**「茶倉存茶」**

潮濕的環境陳化較快，卻容易產生黴變，但多作為「過倉」的理想環境。

早已是港人的基本功：茶倉管理的「頭師」對於何時該翻倉、何時該退倉等都了然於心。因此資深茶人陳漢民表示「假如沒有港倉，今天何來價值連城的老茶呢」？

藏茶頗具經驗的陳漢民認為，以台灣的氣候變化來說：春天有梅雨季節，濕度約在80～90度之間；夏季則炎熱有如烤茶；秋季再有秋風吹拂；冬季則相對乾燥，濕度約50～60左右，堪稱是普洱茶最佳的「退倉環境」了。

他舉出兩款普洱青餅為例：其一為勐海茶廠於1998年採春尖茶菁出品的7532青餅，由於曾有過倉，經過「台灣倉」理想的退倉後，茶湯明顯鮮濃透亮、口感也較為醇厚甘甜；另一款為1999年大黃印青餅，係當年港商訂製茶，以易武茶菁做為原料，由

1999年港商訂製茶大黃印青餅，湯色與葉底尚未轉紅（祥興名茶藏）。

於放在純乾倉內,因此未能盡然馴化,口感滑順度不夠,湯色與葉底也尚未轉紅,但只要再存放一段時間,必能有令人驚喜的表現。

　　不過,所謂乾倉並非絕對乾燥,**陳倉中也要有適當的溫度與濕度**,才能產生穩定的轉化效果。專家認為:應保持攝氏26至28度(華氏80至84度)的恆溫,也有茶人進一步解釋「存放生普溫度不能超過30度,而熟普則不能超過43度」,否則將因缺乏水分而影響茶品的後發酵效果;至於相對濕度,專家咸認維持在80%左右最佳,過於潮濕易導致普洱茶發霉,過於乾燥則不易陳化或轉化緩慢。

勐海茶廠於1998年出品的7532青餅,茶湯明顯鮮濃透亮、口感醇厚(祥興名茶藏)。

18. 個人藏茶與茶倉

普洱茶的貯藏，通風尤比防潮來得更重要。因為在較為濕熱的地區，如台灣、香港、大陸華南等地，濕度提高使得黴菌相對提高，固然是不爭的事實，卻也相對加速了普洱茶品的後發酵，陳化速度絕對比氣候乾燥的雲貴地區來得快。但濕度若無良好的循環則更易產生黴菌，一般濕倉的霉味即來自於此。因此，將茶品置於通風良好的環境，不僅可以讓濕倉的霉味大幅降低，還能適度保持茶品的茶氣，讓茶品葉面的變化呈現較優色澤，茶湯的表現也會逐漸偏向紅濃明亮。

被白蟻啃蝕得體無完膚的普洱圓茶。

貯藏普洱茶，還有一項最為茶人所忽略，但也經常發生的「慘痛經驗」，那就是**白蟻肆虐**：辛苦貯藏多年的普洱茶，在開倉時才發現早已被白蟻啃蝕得體無完膚、損失慘重。因此貯藏普洱茶，一定要經常檢查是否有「蟲蟲危機」的存在。

過去香港茶倉管理人員每月的檢查工作，也包括仔細察看原支或原箱存放的普洱茶，是否有竹蟲或紙蟲出現，通常當竹蟲出現後，蜘蛛就會跟著出來吃竹蟲紙蟲，倉管人員將此現象解讀為「茶品已開始做適度的自然陳化」，但如果出現的是白蟻則被視為重

大災難。尤其近年普洱茶品大量產製，無論外包茶票紙、原筒的竹筍葉殼、原支包裝的竹簍或木箱等，在包裝或運送過程都可能夾帶白蟻成蟲或蟲卵，稍有不慎就會蔓延成災，且無法施以任何的殺蟲劑或煙燻驅蟲，只能以隔離或銷毀的方式處置。

如何正確貯存普洱茶？首先要瞭解普洱茶的基本「個性」：茶葉畏光，因此不可直接受到日照，最好連燈光都盡量避免；另外由於茶葉葉面密布許多氣孔，因此茶葉特別會吸收雜氣異味，如果隨便陳放在家中廚房、臥室或擁擠的客廳，一旦混放了化妝品、香皂、酒、殺蟲劑、蚊香、清潔劑等揮發性高的物品，辛苦購得收藏的普洱茶必定變得五味雜陳、雜氣充斥，而毫無收藏價值。

近年來因普洱陳茶的價格節節飆漲，有人不惜耗

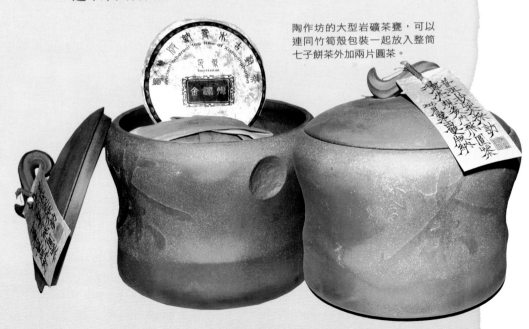

陶作坊的大型岩礦茶甕，可以連同竹筍殼包裝一起放入整筒七子餅茶外加兩片圓茶。

經作者建議改良並落款的岩礦茶倉。

費鉅資囤積大量生普新茶，如果不能騰出專用的倉庫，長年保持空氣清新、乾燥、無異味、不透光的環境，屆時必將徒勞無功，如股票套牢般飲恨終身。

事實上，早年香港茶商在累積足夠藏茶經驗與教訓後，也從早期的「自然倉」進入所謂「技術倉」時代：所謂自然倉就是地倉，由於地倉冬暖夏涼，具有自然恆溫與自然恆濕的特色，且四季的變化更可以使茶品形成自然呼吸、自然調節的循環週期，有助普洱茶的陳化；至於技術倉，則是控制倉儲的濕度與溫度，以達到普洱茶理想的陳化效果。

有些茶商在設置專業茶倉時，不僅要求居高臨下的開揚環境，茶品均需以倉墊板墊高，不使直接接觸地面。除此，還嚴格要求選倉位置，例如背山、風弱且最好在民居附近等。有些茶倉還採「天橋」型式設計，將普洱茶一筒一筒放在接近天花板的最高位置，以便有效接受新鮮的對流空氣，甚至還裝置鮮風循環系統、不透光硬木板或緩衝區等。

當然，一般人不太可能做到專業的貯藏方式，只需以陶罐、陶甕或陶製小茶倉乾燥密封保存即可：由於陶甕具透氣性，普洱茶在陶甕內可以達到歲月陳化的效果，變得更加柔和、圓潤，且置放愈久效果愈佳。

若要連同竹筍葉殼整筒整支收藏，最好能置於較

第五章　普洱茶的貯藏

上層的書架，並以大型牛皮紙層層包裹不使透光；或放在木製且油漆味早已蒸發消失的舊櫥櫃內，不時打開櫃門、啟動風扇，讓普洱茶偶而吸收一下新鮮空氣即可。

為了讓一般民眾也能輕易貯藏完整筒包的七子餅茶，「陶作坊」近年特別研發了一組以岩礦燒造的茶倉，容量從原本半斤、一斤裝的中小茶倉，擴大到可以放入含外包竹筍葉殼整筒圓茶的大型茶倉，堪稱完備的藏茶組合，尤其大型茶倉在容納整筒後，尚留有兩片的空間，讓收藏者可以在完整收藏之餘，又能每隔一年半載取出單片茶餅，品嚐歲月造成的變化，同時享受藏茶與品茶的樂趣。可以說從自然倉到技術倉之後，更提升至「藝術倉」的境界。

我曾將相同的圓茶分別置於架上、一

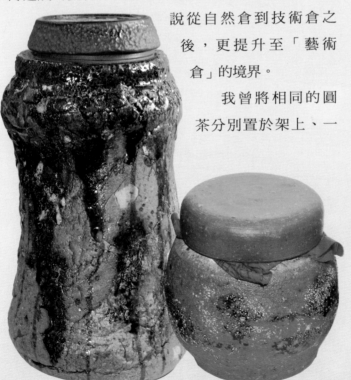

吳麗嬌手捏的岩礦茶倉無論造型與肌裡質感均有強烈的自我風格。

陶作坊限量
產製的中小
型岩礦茶
倉。

般陶甕以及岩礦茶倉內做比較，發現三者所貯藏的茶
品，無論轉化速度、茶香與沖泡後的喉韻與口感，均
以岩礦茶倉勝出。尤其倉味稍重或明顯受潮等本已受
傷的茶品，置入岩礦倉半年後多能獲得改善，令我大
感驚奇。

　　根據岩礦壺理論家吳麗嬌持續發表的論述：台
灣岩礦，含有礦物藥石、遠紅外線釋放微量元素，以
及水晶能量的海綿質氣孔高溫碳素淨化等特性，以此
製作而成的茶倉，不僅能避免受潮或異味、白蟻等侵
入，更兼具入倉（加速陳化）與退倉（去除霉味與雜
氣）的優點，對於去除熟茶的熟味尤其有效。

　　話說畢業於師大工教系的陶藝家林榮國，於
1983年創立的「陶作坊」，20多年來結合藝術創作
與工業技術，並專業於茶器具與生活陶藝品的開發，
其經典茶器不僅深受兩岸三地茶人喜愛，並揚名日
本、韓國、東南亞、歐美等十數個國家，讓台灣茶器
閃亮於世界舞台。目前在北京、上海、廣州、大連、

長弓手拉的岩
礦茶倉外觀沈
穩而內斂。

蘇州等各大城市百貨公司均設有專櫃或專門店。由於
作品介於手工與機器產製之間，價格還算平實，堪稱
最平民化的藝術茶器經典了。

不過，陶作坊所燒造的大型岩礦茶倉「份量」不
輕，在滿載茶品的情況下搬動較為吃力，因此經過我
的建議改良，新一代的茶倉明顯「窈窕」了許多，但
功能與大小並未改變。

此外，長弓（本名張正猷）、吳麗嬌、三古默
農（本名張家榮）三位陶藝家，近年也不斷應我的
請求，運用不同的技法與素材融合，針對普洱茶或台
灣老茶，以手拉胚燒造兼具藝術美感與實用的台灣岩
礦茶倉，其成品不僅外觀沈穩、內斂，造型與肌裡質

三古默農手
拉的沱茶倉
與散茶倉。

感也均擁有強烈的自我風格，再加上岩礦所釋放的能
量可以提高普洱茶陳化的速度與品質，最適合存放散
茶、沱茶或剝開後的圓茶品。

由作者親繪、曾冠錄燒造的普洱圓茶茶倉。

藏茶資訊

◎陶作坊（林榮國）

台北縣汐止市大同路一段276-1號6樓之1

電話：（02）2643-4626

鶯歌門市：台北縣鶯歌鎮文化路142號

電話：（02）8677-3486

鶯歌重慶店／泊茶院：台北縣鶯歌鎮重慶街1之6號

北京分公司：北京市朝陽區慈雲寺橋遠洋天地59之1108號

電話：（010）85864941

北京馬連道店：北京市宣武區馬連道14＃北京茶葉總公司
　　　　　　　茶葉市場A61

電話：（010）63341925

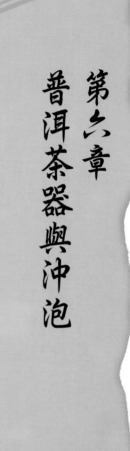

第六章
普洱茶器與沖泡

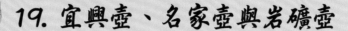

19. 宜興壺、名家壺與岩礦壺

普洱茶包含了生普老茶、生普新茶、熟茶與半生熟茶等風味迥異的茶品。其中，茶產區或茶原料的不同、陳倉貯藏方式的差異，甚至圓茶、茶磚、沱茶與散茶緊壓程度的不同等因素，都會影響茶湯的滋味與口感。因此，比起一般茶品，普洱茶的沖泡方式與茶器的選擇，顯然要更為講究了。

沖泡熟茶多使用大壺，由於熟茶一般水分較多，因此生菌、黴菌數含量稍高，最好使用煮沸的水後再行飲用，或者選擇經專家烘焙後的熟茶，以排除茶中的菌類、雜質與霉味。至於材質則可以選擇手拉坯的陶壺，不但體型較大且渾厚，具有保溫的作用，也比較能夠控制每一泡的濃度，尤其在相當空間內沖泡半小時以上，等同於再發酵了一次，更能將普洱茶的香醇韻味發揮得淋漓盡致。

沖泡生普新茶則以小壺泡為佳，水溫不宜過高或浸泡太久，以免將茶中的咖啡因及單寧釋出，造成苦澀的口感。此外，生茶無論新舊，茶人一般多認為以陶壺沖泡較為適合，理由是陶壺的質地緻密，又有肉眼看不見的氣孔，能吸附茶汁、蘊蓄茶味，且傳熱緩慢不致燙手，即使冷熱驟變，也不致破裂。例如宜興的紫砂或朱泥壺，或台灣岩礦壺等，都是不錯的選擇。至於造型則以扁腹、寬口者為佳，較有利於溫度散發與茶葉伸展。

同樣一泡茶，使用不同顏色的陶杯或瓷杯，除了

232

第六章　普洱茶器與沖泡

茶湯顏色明顯不同外，風味也大異其趣：一般來說，**若要精準掌握茶湯的顏色，使用水晶杯或純白瓷杯最佳；如要讓茶品韻味達到加分效果，則以陶杯較為適合。**

宜興老壺的特色在於過去宜興紫砂土風化程度較低，除了質地較為堅硬，毛細孔也較粗，因此透氣性甚佳，茶氣不會被憋住或悶住。**「宜興紫砂壺」**，約由1100℃砂質土燒成，因密度較低、毛細孔粗，用以沖泡熟茶或生普老茶可以獲得醇厚的茶質，但宜以95℃上下的沸水沖泡；至於**「宜興朱泥壺」**，則大多由1200℃泥質土高溫燒製而成，因為密度高、堅硬，以90℃開水沖泡生普新茶較能表現香氣。

真品老朱泥壺質地溫潤，必須不斷養壺，經長時間的空氣氧化才會越養越紅。至於近代朱泥壺，則

同樣一泡茶使用不同燒造的杯具，除了茶湯顏色明顯不同，風味也大異其趣。

對泥料頗有專精的郝大年
所創作的宜興朱泥壺。

大多加上瓷器的顆粒與氧化鐵，因此反光強、看來通
紅明亮。使用朱泥務必先溫壺，先裝點冷水、再加熱
水，以免熱漲冷縮導致龜裂。

　　近年收藏宜興老壺頗具心得的黃傳芳則補充說，
老壺超過三天未使用，取出時最好先以清水浸泡個半
天或至少二小時。但也有專家認為無須大費周章，久
未使用的老壺，只需以滾水沿著壺身外緣均勻沖淋一
圈，待外緣水乾即可，以免等候太久而敗了茶興。

　　其實做為陶器的土質只有兩大類，即砂質土（如
紫砂）與泥質土（如朱泥、苗栗土、北投土等）：砂
質土具透氣性，煮東西不易破，因此中國遠古彩陶時
代常見以「陶鼎」來煮食，缺點則為容易滲水；泥質
土則不會滲水，但不適合煮食。至於今日陶藝家所使
用的陶土大多為兩者混和，砂與泥只是比例的問題罷

了。

　　一般來說，普洱茶用紫砂沖泡茶可以拉長時間約40秒，朱泥則為30秒：前者適合沖泡老茶、熟茶，後者適合生普新茶。

　　泥料的好壞絕對影響壺具的優劣，真正好泥製作的茶壺，無論新舊都只有「土香」而無「雜味」，且越使用就越溫潤，顏色也更為透亮嬌豔。

　　郝大年，於2006年榮獲世界藝術家聯合會頒發「紫砂藝術品鑑定」及美術工藝大師頭銜，他與一般宜興壺藝家最大的不同，就是自小對紫砂泥礦的情有獨鍾，除了潛心研發泥料，也收藏許多稀有的紫砂與朱泥老料。其後，因為追求燒窯師傅的掌上明珠，才發憤學習製壺工藝而卓然成家。由於有上好泥料與雄厚的燒窯功力，以純礦原泥擋胚成形，再以高溫燒製的作品特別紮實有力，古樸圓潤的風格更深受兩岸三地收藏家的青睞。

　　遠赴景德鎮發展的台灣陶藝家**劉欽瑩**，也曾因緣際會地取得數十年珍藏的宜興老朱泥，以拉胚方式燒造的朱泥壺，不同於宜興慣用的擋坯技法，明顯透出迥異於傳統技法的動感美學與張力。

不同於宜興壺慣用的擋坯，劉欽瑩以宜興老朱泥拉胚而成的朱泥壺。

中國工藝美術大師徐漢棠的牛鼻鈕立壺（左）與呂堯臣（右）的玉帶小提梁（西門丁藏）。

清朝道光年間宜興壺大師瞿子冶的漢鐘壺品項非凡（茗心坊藏）。

清末宜興壺大師邵二泉的點燈壺（黃傳芳藏）。

民初宜興壺大師王寅春的菊瓣壺組（茗心坊藏）。

儘管宜興壺經過1990年代中後期一度崩盤，但大師級的名家壺作品，受喜愛的程度卻從未退燒，尤其在普洱茶普遍發燒的今日，**民末清初以前的宜興壺再度站上市場的最頂端**，例如清朝道光年間瞿子冶的漢鐘壺、道光年間符生艷奎監制的瑞獸大筒壺等；另外，近代名家如顧景洲、王寅春、范洪泉、朱可心、呂堯臣、徐漢棠、蔣蓉等人的作品，價格也跟普洱老茶般始終居高不下。

其實茶壺的表現形式不外乎：功能性、胎土質感、燒成質感（如坑燒、燻燒、柴燒、還原燒等）、釉色、造型、刻畫表現（書畫、詩詞、彩繪、浮雕或鑲嵌等）、綜合性技法表

第六章
普洱茶器與沖泡

現、結合不同材質表現（如陶壺加上茶樹枝作為提把等）、非實用壺的雕塑性表現、實用壺的觀念性表現等10種。另外，茶藝界或主流消費者也會針對不同茶種、不同飲茶方式與飲茶習慣，對茶壺提出不同的要求點。

今日茶壺的製作，除了台灣朋友普遍熟悉的手拉坯、手捏外，宜興手工壺的擋坯技法，或量產使用的壓模成形、灌漿成形等，都只是茶壺的成形方式罷了，只要具備美感與泡茶的實用性，都可以稱為創作而受到青睞，不一定非要手拉坯不可。例如近年蔚為風氣的手捏壺，全靠雙手十根指頭細心捏製，一氣呵成，因此處處留有手力、手感、手跡。

已故宜興壺大師顧景洲的雙線竹鼓壺（西門丁藏）。

結合書法與刻字藝術而屢獲全國性大獎的宜興名家龐獻軍作品。

何啟徵燒成質感表現的柴燒壺出水順暢有力。

壺翁邱顯裕的手捏壺作品。

長弓的岩礦壺從壺肚
到壺底呈現敦煌飛天
的美感。

　　而在近年造成收藏旋風的**台灣岩礦壺**，其實就是
用台灣地質原礦土石做成的茶壺，包括北投的唭哩岸
石、鹿谷梨皮石、鹿寮坑沙岩、安山岩、貝化石、麥
飯石等十幾種台灣的原礦石材調配而成，使茶壺能軟

水並改變茶湯口味。**在開山祖師古川子與鄧丁壽兩人的帶領下**，近年也培養了不少壺藝名家，如前文所提的長弓、吳麗嬌、三古默農，以及廖明亮、廖吳秀琴等。

不過，儘管近年岩礦壺在兩岸發燒，但粗獷的質感與厚重的握感，卻難以深入喜歡「輕、薄、短、小」的部分女性及新新人類等族群，所幸岩礦家族大師兄長弓近年力求突破的作品，適時彌補了這個缺口。

出身日據時期就在台北大稻埕閃耀的「張仁記茶行」世家，儘管傳承至第三代就因父執輩鬧分家而在1960年代悄悄劃下休止符，第四代的長弓卻因自小培養製茶、品茶的深厚功力，而能配合各種茶性，創作出精緻的岩礦壺，並因此闖出名號。

長弓的作品：**壺蓋**呈現細緻的觸感，流水般飄逸的蓋鈕如同蓄勢待發的弓，靜止時隱然透露出風動的力道；**壺面**沈穩內斂的紋路一直延伸至壺底，彷彿敦煌石窟內的飛天壁畫，觀賞性的美感顯露無遺；**壺嘴**雖短卻出水順暢、淙淙有勁，即便瞬間嘎然停止也不會有水滴殘留；大而拙樸的**提耳**，更為飽滿的**壺肚**劃下完美的句點，霸氣十足又不失婀娜風采，無怪乎能同時受到男女多數族群的青睞。用以試泡普洱茶，不僅能充分去除生普新茶的苦澀口感，將香氣充分凝聚後釋出，老茶的韻味與濃稠的回甘也更能夠淋漓盡致地展現，可說深具岩礦壺繼往開來的王者之相。

曾在國內各大媒體擔任攝影記者長達18年，**三古**

默農面對各種社會層面與人生百態，有異於常人的敏銳觀察與領悟，從新聞工作者到壺藝家的心境轉折，讓他更能以悲天憫人的胸懷積極投入創作。他所燒造的岩礦壺堅緻如金，經久用與滌拭後更增溫潤，適宜沖泡老茶、普洱茶、重焙火茶與苦澀碳焙茶。

也許是經常透過敏銳的鏡頭看世界，三古默農的壺藝作品極具強烈的原創性與流暢明快的個人風格，除了造型，質感以外，還有色彩飽滿的獨到表現：不同於一般的釉彩用料，他採集包括陽明山櫻花樹灰、竹子湖劍竹灰、燕子湖草灰、茶灰等各種天然樹灰等，再調配出天然美麗的色釉來融入作品，讓手創的壺具或杯具，更具繽紛活潑的意象。

此外，許多茶人特別講究泡茶的水質，例如：紫藤盧主人周渝就堅持使用**燕子湖的湖水泡茶**；三古默農沖泡普洱茶則非用**陽明山竹子湖水**不可。

三古默農所燒造的岩礦壺經久用與滌拭後更增溫潤、堅緻如金。

第六章　普洱茶器與沖泡

為了改善水質，陶作坊特別以岩礦老岩泥研發燒造了一組**品水罐**，以及委由古川子設計的**燒水壺**，二者在外觀上展現了千變萬化的色澤，以及原始自然與粗獷樸拙的風貌。陶作坊主人林榮國表示，岩礦的質地可以與麥飯石改善水質的功能媲美，還具有竹炭與遠紅外線功能，不但可以軟水，改變水的口感，用以沖泡普洱茶，壺中的礦物元素還可以將茶的苦澀轉為中性、變得柔順，即便是熟茶，也可以將熟味減至最低並去除雜氣，讓人喝得更健康。

陶作坊委由古川子設計的燒水壺。

藏茶資訊

◎石橋窯（劉欽瑩）：高雄縣美濃鎮祿興里石橋街27-5號
電話：（07）681-1761
江西：景德鎮市胡田村
電話：13979882549
◎三古手感坊（三古默農、洪錦鳳）
北投店：台北市北投區泉源路11號1樓
電話：（02）28935818
麗水店：台北市麗水街16巷2號
電話：（02）23916588

20. 蓋杯、瓷壺、天目碗

常見許多資深茶人以蓋杯或蓋碗沖泡普洱茶，尤以老字號的茶商為多，因為使用蓋杯最能保持茶葉的原味，包括茶品年份、有無入倉等條件，茶品幾乎可以說「無所遁形、原形畢露」，絲毫沒有加減分的效果，而茶底也可以清楚地觀察比較，如此想以年份較輕的茶品蒙混過關當然不行了。

至於大陸茶商普遍愛用蓋杯，推論可能是因為大陸現有古董茶品或20年以上的普洱陳茶不多，市場放眼所見，幾乎全為10年陳期以下的生茶新品。使用蓋杯可以迅速釋放香氣，且沖泡得宜較不易將新茶原本的苦澀味釋出，得到香氣與甘美相得益彰的效果吧？

目前在市面上，以瓷器燒造的蓋杯居多，陶土上白釉燒製則次之。以青瓷而言，當然屬北宋末期「汝窯」所燒造的青瓷最負盛名，可惜流傳到今天的真品已不足百件，已知的更僅65件，件件皆屬國寶級的收藏，一般人根本無法擁有。

汝窯青瓷釉包括粉青、天青及影青，其最大特色就在釉中含有瑪瑙，色澤青翠華滋，且釉汁肥潤瑩亮，周身佈滿縱橫交錯的紋片，因此多少年來始終讓收藏家夢寐以求，也成了許多現代陶藝家追求的境界：**孫忠傑的「安達窯」**，仿汝窯的青瓷蓋杯屬粉青類的亮光青瓷；**壺藝家吳遠中**，近年則以創作天青類的無光青瓷釉而聞名，無論結合木枝、銅器甚至不鏽鋼的茶壺，或溫潤內斂的蓋杯，都能感受汝窯「雨過

天青雲破處」的特有色澤與風采。二者各有特色，不同的是安達窯以瓷土燒造，而吳遠中則以黑土上釉燒製而成，更能呈現傳統青瓷器常見的「紫口鐵足」雅趣，並且，在極簡風格中又見繁複，其造型與色彩已臻於完美的素雅境界。

所謂「鐵足」係指青瓷器的底部「釉不過足」，露胎處由於胚體內的鐵質在窯火終了時，底部無釉處的胚體氧化，而呈現淡褐色至黝黑的鐵足；「紫口」，則因器皿口緣釉薄處胚體受氧透出灰紫色而得名。

長期隱居鶯歌的陶藝家吳遠中，近年以傚汝窯的青瓷釉而聲名大噪。日前還特別為我燒了三件青瓷茶具，包括一只溫潤內斂的蓋杯、一只據說靈感來自馬桶的茶海，以及一個渾圓充滿雅趣的雙耳壺。三件茶具的色澤青翠華滋、釉汁肥潤瑩亮。從雨過天青雲破處的釉色與紫口鐵足的色燒配置，一眼就可以認出，作品是以黑陶拉胚再上青瓷釉燒造而成。

吳遠中以陶土上釉的「雨過天青雲破處」蓋杯。

遠中在餽贈作品的同時，卻也遞上了一份釉上彩料，要我在茶具上繪圖寫詩作為「功課」。恭敬不如從命，甚少在公開場合揮毫的我，也只好當場舉起圭筆，邊畫邊構圖邊尋找詩的意境，就這樣且戰且走，約莫花了半個下午的時間彩繪完成，交還給遠中再一次送入窯內淬煉，總算大功告成。

安達窯以瓷土燒造的傚汝窯青瓷釉蓋杯。

紫色羊脂玉

是外壁不慎沾上了油漬，或者掌心滲出的微汗使然？確認已經淨手的我，從**洪文郁**手中接過來造型上並無特殊之處的**粉紫色茶壺**，只見光滑細膩的色澤，如同包覆了一層看不見的油脂，而緊握手中的溫潤柔軟觸感彷彿肌膚相觸，溫熱感度瞬間直抵腦門，令人不可思議。

在當代文學大師川端康成的諸多作品中，引起最多爭議的《千羽鶴》，儘管以跨越兩代男女「不倫」

作者以釉上彩繪製的吳遠中茶器。

情愛糾葛為主軸，但主角其實是一只「在白色的釉彩裡面，透著輕微的紅」，作為茶器的志野古瓷水罐吧？書中不僅一再重複地以「看似冷漠，實際卻很溫暖、嬌豔的肌膚」，來明喻古瓷釉色的質感。更透過男主角菊治的撫摸，而出現「柔和得像女人的夢一樣」、「從古瓷有深度的白色肌膚中，靜靜透出一股嬌豔燦爛的光澤」、「充滿著無限生機，使人有一種官能性的感應」等等充滿情慾的細膩描繪，至於莊重繁複的茶席反而被輕描淡寫地帶過。

相較起來，胎土與釉料的先天表現，或經打磨拋光，或因坑燒、燻燒、柴燒等不同燒窯方式，甚至陶藝家刻意留下的筆觸等，都會影響茶器外壁的不同質感。單就細膩度來說，高溫燒製的瓷釉一般都比陶器要來得光滑細緻，例如閩南語就直接稱陶器為「粗瓷仔」。

遺憾的是：在我曾經接觸過的千百種茶器，其中不乏作為日本幕府官窯的志戶呂燒、備前燒、有田燒，以及號稱「白如玉、薄如紙、明如鏡、聲如磬」的景德鎮瓷，或英國骨瓷等十數件國寶級名器，儘管價值不菲，但要直接與女性嬌豔的肌膚劃上等號，顯然都還有一段距離。因此一度懷疑川端的描繪純屬大師的個人想像。

洪文郁的新作卻讓我重新喚醒了年少的浪漫遐思：在微黃的鹵素燈照拂下，茶壺並未反射出一般瓷器的耀眼光芒，反而如少女吹彈可破的肌膚般，呈現沈穩內斂的光澤，溫柔而綿密；平滑流暢的肌理，也飽含了勻潤的勁道。儘管外觀上的創意無法與國寶名器相較，但純就質感的細膩度來說，顯然只有盤過數十年歲月的和闐羊脂古玉可堪比擬了。

吳遠中表現「紫口鐵足」雅趣並結合金銀創作的無光粉青陶壺。（黃月里藏）

長時間在中部山區苦守寒窯的洪君，近年致力研燒天目茶碗，難得燒出的茶壺，甫出手就讓我驚豔。他說從胎土及釉色的調配，以及超過1380度高溫燒窯的不斷試煉，失敗的次數幾乎讓他耗盡家財，至於粉紫色的呈現純係上帝欽點，並非用釉所能控制，只能以「神來之筆」解釋了。

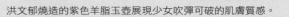

洪文郁燒造的紫色羊脂玉壺展現少女吹彈可破的肌膚質感。

建窯天目與現代天目

　　許多資深茶人認為，要讓普洱陳茶作淋漓盡致的揮灑，則非天目黑釉莫屬。理由是天目黑釉可使茶湯顯現更為柔順的口感，無論「兔毫天目」或「油滴天目」，經窯變所創作出的「一釉化多色」不僅亮而溫潤、層次豐富，且有深邃的質感。

　　宋朝時「鬥茶」的風氣極為盛行，由於鬥茶時茶面呈現白色湯花，為了不使淺釉色的茶盞影響鬥茶的效果與觀賞性，黑釉的「建盞」就成了宋朝鬥茶人的最愛，因為黑釉不但能與雪白的湯花「黑白分明」相互輝映，尤其湯花襯在黑釉上，更能夠清楚地看到其「咬盞」或出現水痕的情況，使得建盞在鬥茶中佔有無比優勢。

　　建窯盞常稱做烏泥建、黑建、紫建，而「建」指的是窯口產地，即宋代建州的「建窯」，位於福建省建陽一帶，今天也已恢復天目黑釉的產製，令人欣喜。

　　建窯黑釉特色是在燒製時，通過窯變工藝在釉面上形成絢麗多姿的花紋，其中又以釉面花紋如兔毛般的「兔毫盞」最具價值，其胎重釉厚且造型渾厚，釉色以黑色為基準變化，甚且因流速不同而在黑釉中透出美麗褐黃、藍綠等細長如兔毫狀的流紋。

　　油滴釉是在黑色釉面上散佈銀灰色圓晶點，如同平靜水面所灑下的油點。

　　窯變釉則是在黑釉中散佈藍色星點，在星光四週有紅、藍、綠等色彩圍繞，必須確實掌控溫度、氣

以匣鉢包覆燒造的建窯天目
（大馬陳耀輝藏）。

氛、冷卻技術等，成
功率約只有十萬分之
一，難度之高可以想
見。而在燒製過程
中，鐵質發生膠合作
用並浮出黑釉表面，
冷卻時發生晶化，便
產生呈紫、藍、黃、
暗綠等色的結晶，放
射出點點光輝、閃爍
變化。茶湯注入後，
黑釉表面的結晶五彩
紛呈，異常美麗。

福建建窯傳承至今的現代建窯天目。

建窯黑盞是宋朝茶人鬥茶的最愛（黃傳芳藏）。

　　黑釉建盞曾在宋元時流入日本，並普遍被稱為
「天目碗」，至今在日本茶道中尚能見到它的蹤跡，
並尊為茶道的至寶。

　　今天兩岸或日本等地也有不少陶藝家致力研發，
希望能傳承北宋以來的天目工藝。台灣的佼佼者包括
蔡曉芳與陳佐導兩位大師，以及江有庭、劉欽瑩、洪
文郁、孫忠傑等，他們的努力不僅忠實地傳承重現了

洪文郁苦守寒窯所
成就的藍天目最受
日人喜愛。

北宋建盞的陳穩風貌，更發展出炫麗多彩的釉色。

不過長久以來，天目碗除了深受日本茶道人士的喜愛之外，在以品飲烏龍茶為主的台灣並不受歡迎，大多僅作為收藏。直至近年來，由於普洱茶的普遍發燒，再加上養生之說帶動了大碗喝熟茶的流行，天目碗於是受到眾多普洱茶人的矚目。由於以碗品茶，置茶量較多，飲用陳年老茶往往被戲稱為「敗家茶」。

洪文郁揣摩宋代作品
所燒造的天目盞托。

孫忠傑所燒造的現代天目碗以炫麗奪目著稱。

第六章 普洱茶器與沖泡

竹雕茶器與茶服

　　除了茶壺、蓋杯、茶碗外，隨著普洱茶消費的日趨精緻化，原本不起眼的周邊小茶器或茶人服飾等，近年也受到茶人的重視。

普洱品茶會與各種茶席的興起也帶動茶服的流行。

　　今天步入廣州芳村、昆明金實或康樂等全國性的大型茶葉批發市場，除了櫛比鱗次的普洱茶專賣店外，茶器也成了交易的大宗，包括茶則、茶杓、茶挾、茶船、茶漏，甚至烘爐、茶燈、普洱茶刀等。而普洱品茶會的興起，以及「樂活」風氣的普及，也帶動了茶人服飾的流行。

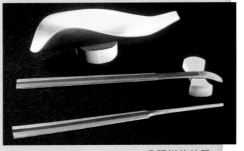

　　不過，即便茶藝文化蓬勃發展的今日，茶人或茶商所用的茶則等器具，不是取竹片削型自製，就是購買現成的木製或金屬量產製品。對大部分的茶人來說，茶則等器具不過作為取茶剔渣之用罷了，自然無須大費周章，與動輒數萬乃至數十萬元的名家茶壺根本無法比擬。

翁明川的竹雕茶器「千雲上天闕」（翁明川提供）。

　　藝術家翁明川卻不以「器」小而不作，因為喜歡喝茶而創作茶器中最微不足道的末稍，**30年來雕出了兩百多件足以傳世的茶則、茶杓、茶匙、茶夾等作品，將茶器小品提升至精緻藝術的境界。**

　　話說竹雕也稱竹刻，原本只是在竹製的器物上雕刻多種裝飾圖案或文字，或用竹根雕刻成各種陳設

擺件。流傳至今的作品包括竹木牙角雕刻、留青陽文雕刻、竹節雕、竹黃等，在中國工藝美術史上獨樹一幟。可惜作品始終不脫匏器、竹壺、酒杯、筆筒、香筒、扇骨、竹鼎，甚或花鳥人物等範疇，至於泡茶輔助用的小器具如茶則、茶匙等，古代竹雕名家大多不屑為之，因此翁明川的竹雕小茶具堪稱「前無古人」了。

翁明川的竹雕創作，以充滿神奇的巧思與創意，賦予竹器生命的律動與茶藝的禪境，可以很傳統，也可以非常時尚，更可以光滑如脂、溫潤如玉。例如他以留青竹刻方式創作的茶則，留青與竹肌之間整齊有序地疊壓錯落，構成青白相間的繁密紋飾，彷彿普普藝術注入LV皮包的高貴血液，時尚語言在正面流暢閃爍，內面卻以簡練古樸的雕刻，將龍雲翻騰的中國圖飾作了最完美實用的句點；又如看似極簡的茶匙，燻成紅褐色的竹皮在正面適度保留，與周圍包覆的竹肌緊密相切，儼然古代官員上朝手持的笏版，令人讚嘆。

台北「三古手感坊」的洪錦鳳則堪稱茶人服飾的佼佼者，從事手工傳統服飾創作已有二十多年的洪錦鳳，與夫婿三古默農以「三古手感坊」為名，分別在北投與麗水街開設台灣岩礦壺與茶服專賣店，多年來早已深受茶界肯定。

洪錦鳳創作的茶服融合手繪、臘染、水墨、手染的藝術表現。

第六章 普洱茶器與沖泡

　　洪錦鳳認為，現代茶人已進入美學的新茶文化時代，一個出色的茶人，除了追求茶湯口感以及百家爭鳴的泡茶「功夫」外，所搭配的服飾也很重要。只是長久以來，缺乏美感的穿著影響了茶藝美學的整體表現，而茶藝館千篇一律的「鳳仙裝」或「唐裝」，不僅缺乏特色，也難以襯托現代多元繽紛的茶藝風格。因此她以傳統手工致力發展新茶人服飾，專注為茶人設計服裝，融合手繪、臘染、水墨、手染的藝術表現，為茶藝文化注入新的元素活水。

　　不同茶人都有各自偏愛的茶類或茶品，對於穿著或色彩也有不同的品味或要求，因此洪錦鳳必須常與茶界交換意見，針對不同訴求來設計剪裁，量身定做創作服飾。此外也設計了許多茶文化相關的布製品，如茶背包、茶巾、茶墊、茶套、提壺袋等，實用又有特色。

三古手感坊的茶席墊巾。

◎唐龍窯（洪文郁）：台北市南港路三段63號4樓
　電話：（02）27833177、0917181887
◎安達窯（孫忠傑）：台北縣鶯歌鎮永昌街185號
　電話：（02）2679-6285
◎吳遠中：台北縣鶯歌鎮育英街63號
　電話（02）2678-7079

藏茶資訊

21. 以沖泡辨識陳茶品質與年份

　　一般來說，普洱茶淡泡則走香（味），濃則走湯（韻）；煮水壺注水入茶壺的高低，也會影響茶湯的柔軟度，高沖則茶湯較硬、緩慢低沖則呈現較軟的茶湯，即**高沖重香，低沖則湯軟**。

　　正確的泡茶方式可以作為辨識普洱茶生熟、年份、貯藏環境，以及原料優劣的依據參考。例如辨識以熟茶蒙混的陳年生茶，就可以從沖泡後的茶湯或葉底來分辨：熟茶大多呈現較接近黑色的暗栗色，陳年生茶則大多轉化為透亮的栗紅色；熟茶的葉底較硬、顏色較深較黑、易碎且缺乏柔韌度，陳年生茶的葉底則色澤紅潤、較具有彈性。

　　進一步從香氣辨別：熟茶因為經過渥堆，因此茶品表面無可避免帶著股熟茶味，即便陳放10年以上，仍可從茶湯中感覺熟味，連20年以上熟茶所表現出來的「沉香」，也是由熟味經過長期轉化而來的沉穩熟茶香，和陳年生普所表現出來的質厚優雅陳香，仍有一段距離。

　　值得注意的是，隨著普洱陳茶價格的水漲船高，

20年以上的生普，無論芽葉較細的青磚（左）或葉面粗大的青餅（右），茶底必然偏紅而非作手呈現的黑色。

不少茶商將新茶利用濕倉快速陳化，再以高明的手法快速退倉，如此反覆幾次所造就的茶品，在外觀或香氣上與陳年普洱茶幾可亂真，此即所謂的**「作手」茶**。茶品的橙色會掩蓋紅色與黃色的釋放，所呈現的茶品乍看彷彿十年以上的老茶，但沖泡後葉底大多會變硬且呈黑色，茶湯顏色反而較淡，且沖泡次數越多就越明顯。

　　一般將陳期20年作為葉底變色的分水嶺：滿20年的茶品80％以上明顯變紅，尤其茶葉一再沖泡至最淡時，觀看茶底的顏色也最準確。而且大葉種的青普超過20年絕不可能變黑，作手茶當然無法通過考驗了。

以1985年仿製的文革青磚為例，20年以上的茶品前三泡葉底為紅中隱綠。

　　此外，資深茶商通常以沖9泡或10泡為標準：稱**前三泡為「環境泡」**，即存放倉庫的環境究竟係乾倉、濕倉，可從明顯的悶濕或清揚或雜氣來研判：**四至六泡為「茶質泡」**，可從觀察葉底與茶湯色澤來判定茶品原料的優劣；**後三泡則是最重要關鍵的「年份泡」**，因為此時影響茶品的物質多已淡化，葉底的變化度也趨於穩定，此時年份較輕者茶湯變淡、葉底則偏黃或偏綠，年份超過20年以上者無論湯色或葉底多半偏紅。

　　當品飲普洱茶在台灣尚未造成風行，也還未能讓大部分茶人接受的1980年代，早有茶莊大膽引進數量頗多的普洱茶，成了當時烏龍茶獨領風騷的大

勢中，唯一的異數。那是資深普洱茶人始終津津樂道的**「茗圃茶業」**，座落在當時還不算熱鬧的台北市和平東路安東市場旁。儘管在1990年代初期，被茶人普遍暱稱為「王仔」的主人王慶昌，還來不及享受普洱茶閃耀豐收的成果，就因轉投資海產餐廳失敗而劃下休止符，但「悄悄的來，悄悄的走」卻留下不少雲彩，為今日風起雲湧的局面奠定了基礎。

以1985年仿製的文革青磚為例，四至六泡為茶質泡（上），七～九泡（下）則為年份泡。

作為我的鄰居，當時看來毫不起眼的茗圃，不但是資深茶人鄧時海最常駐足的聖地，也是今天許多收藏家早期平價取得古董名茶的最大來源與驛站。

當年以「學徒」身分進入茗圃學茶長達八年的**黃繼漢**，更在六年前悄悄跟遠赴大陸發展的師父連上了線，在台北市通安街開創**「茶藏」**傳承，直接從產地引進普洱茶、武夷岩茶等，經營批發事業。身為茗圃的嫡系傳人，黃繼漢識茶、評茶的功力堪稱深厚，選茶精準且頗能切入市場風向。對於茶氣的定義，他也有較為簡易且精準的解釋：茶湯滋味在口腔中停留時間久而空間大稱為氣強，反之則氣薄。

他以1985年仿製的文革青磚為例，詳細示範陳茶的沖泡鑑別法，沖泡標準如下：

置茶量：5公克、使用60～70CC的小蓋碗。

水溫：一至五泡水溫92度以上、6泡以後降至87～88度。

沖泡時間：第一至第三泡2秒即已足夠、第四至第七泡約5秒，八泡後則需10秒。

前三泡：若為乾倉茶品，以20年陳期來說，在乾燥環境中，葉底應紅中隱綠；根據發酵程度，20年以上會越來越偏紅，綠則越來越少；至於光暈在乾倉儲存的茶品才會出現，濕倉則無。且若為濕倉茶品，茶湯將呈現渾濁，葉底與乾茶也會呈黑色。

第四至第六泡：可藉此分辨喬木茶或台地茶。以新品生普而言，喬木茶味淡而氣強，且山頭氣明顯，葉底大多為粗葉；台地茶則味濃而氣弱，葉底則大多為灌木細葉。至於大葉則二者均有可能。

第七至九泡：可藉此辨別茶品的年份。當茶葉沖至七泡以後，假如茶葉變得越來越紅，說明年份夠久，如果是品質佳的老茶滋味，此時仍不會變淡，尤其是20年以上的老茶，不但茶氣與飽滿度都還在，飲之不會索然無味，湯色也會維持原有的飽和度；若老茶滋味變淡了，則有兩個可能，其一為當年茶質不好，其二為年份不夠。

最後三泡，若為生茶則呈現樟香，棗香或蔘香則只會出現在半生熟茶。如果是合堆型的半生熟茶，葉底此時也會明顯出現黑（熟）、綠（生）兩種顏色。

樂活 · LOHAS
普洱藏茶

2022年12月二版

定價：新臺幣520元

有著作權 · 翻印必究
Printed in Taiwan.

著者 · 攝影	吳　德　亮
叢書主編	林　芳　瑜
	賴　郁　婷
特約編輯	黃　素　玉
整體設計	許　瑞　玲

出　版　者	聯經出版事業股份有限公司	副總編輯	陳　逸　華
地　　　址	新北市汐止區大同路一段369號1樓	總　編　輯	涂　豐　恩
叢書主編電話	(02)87876242轉5318	總　經　理	陳　芝　宇
台北聯經書房	台北市新生南路三段94號	社　　　長	羅　國　俊
電　　　話	(02)23620308	發　行　人	林　載　爵
台中辦事處	(04)22312023		
台中電子信箱	e-mail:linking2@ms42.hinet.net		
郵政劃撥帳戶	第0100559-3號		
郵撥電話	(02)23620308		
印　刷　者	文聯彩色製版印刷有限公司		
總　經　銷	聯合發行股份有限公司		
發　行　所	新北市新店區寶橋路235巷6弄6號2F		
電　　　話	(02)29178022		

行政院新聞局出版事業登記證局版臺業字第0130號

本書如有缺頁，破損，倒裝請寄回台北聯經書房更換。　　ISBN　978-957-08-6654-4 (平裝)
聯經網址 http://www.linkingbooks.com.tw
電子信箱 e-mail:linking@udngroup.com

國家圖書館出版品預行編目資料

普洱藏茶/吳德亮著 · 攝影 . 二版 . 新北市 . 聯經 . 2022.12 .
　272面 . 16.5×21.5公分 . （樂活 · LOHAS）
　ISBN　978-957-08-6654-4 （平裝）
　[2022年12月二版]

　1. CST:茶業 2. CST:製茶 3. CST:茶具

434.181　　　　　　　　　　　　　　111018944

老岩泥藏茶罐

直教老茶風華再現

藏茶猶如藏酒。具有類似遠紅外線及活性碳特色的老岩泥藏茶罐，不但可隔熱、避光和透氣，還可以維持罐內溫度、溼度的相對穩定，可促進茶的陳化與醇化，不僅可幫助茶餅褪去其倉(雜)味，也可使老茶回春，風華再現，越藏越好。為置茶陳化或醇化的第一選擇，可存放普洱茶、各式重發酵的岩茶、紅茶或重焙火茶等等…。

老岩泥藏茶罐
德亮監製

德亮監製
老岩泥珍藏藏茶罐2008年版

訂購單　全球限量199件
原價：15,000NTD
憑本訂購單八五折：12,750NTD
本訂購單上有吳德亮先生親筆簽名者，
可以八折優惠購買。

訂購人：　　　　　　　先生/小姐　　　訂購數量：

送貨地址：□□□-□□　　市(縣)　　區(鄉鎮)　　路(街)　段巷弄　號　樓

聯絡電話：(辦公)　　　　(住宅)　　　　(行動電話)

填妥訂貨資料後，請影印放大傳真本訂購單。
陶作坊訂貨傳真：02-26434741　服務專線電話：02-26434626　email：aurlia1983@yahoo.com.tw
收到傳真後本公司以宅急便送貨，貨到付款。

開創品茗的另一種境界
陶作坊老岩泥系列

回歸大自然的韻味　感受老岩泥的氣息
千變萬化的窯變趣味　神奇美好的轉化效果

陶作坊®
Lin's Ceramics Studio
since 1983

www.aurlia.com.tw